Facetten der Wirtschaftsmathematik

Bernd Luderer

Facetten der Wirtschaftsmathematik

Eine unterhaltsame Einführung ganz ohne Formeln

Bernd Luderer
Chemnitz, Deutschland

ISBN 978-3-658-19187-0 ISBN 978-3-658-19188-7 (eBook)
DOI 10.1007/978-3-658-19188-7

Die Deutsche Nationalbibliothek verzeichnet diese Publikation in der Deutschen Nationalbibliografie; detaillierte bibliografische Daten sind im Internet über http://dnb.d-nb.de abrufbar.

Springer Spektrum

Planung: Ulrike Schmickler-Hirzebruch

Gedruckt auf säurefreiem und chlorfrei gebleichtem Papier

Springer Spektrum ist Teil von Springer Nature
Die eingetragene Gesellschaft ist Springer Fachmedien Wiesbaden GmbH
Die Anschrift der Gesellschaft ist: Abraham-Lincoln-Str. 46, 65189 Wiesbaden, Germany

Dem kritischsten Leser, meiner Frau,
in Dankbarkeit gewidmet

Vorwort

Warum habe ich dieses Buch geschrieben? Weil ich versuchen möchte, einige mir oft gestellte Fragen zu beantworten, wie zum Beispiel:

„Ist Mathematik nicht etwas sehr Abstraktes?“

Ja und nein. Mathematik ist etwas sehr Abstraktes und ihr innerstes Wesen lässt sich einem Nichtmathematiker nur schwer erklären. Andererseits ist die angewandte Mathematik, speziell die Wirtschaftsmathematik, etwas sehr Konkretes; sie hat viele Anwendungen in Wirtschaft, Technik, Physik, den Biowissenschaften und vielen anderen Bereichen. Ohne Mathematik ist das moderne Leben undenkbar.

„Gibt es denn in der Mathematik noch etwas zu erforschen?“

Ja, es gibt noch viel, noch sehr viel zu erforschen. Wie in allen Bereichen des Lebens wirft jede beantwortete Frage zahlreiche neue Fragen auf. Damit gibt es für jeden, der auf dem Gebiet der (angewandten) Mathematik arbeiten möchte, noch viel zu untersuchen und zu entdecken – ein faszinierendes Arbeitsgebiet.

„Sie sind Mathematiker, da können Sie bestimmt gut rechnen?“

Ja, ich persönlich kann relativ gut rechnen, aber das hat nicht unbedingt etwas mit der Mathematik zu tun. Unter meinen Kollegen kenne ich zahlreiche, die stolz darauf sind, nicht besonders gut rechnen zu können und das so bemänteln: „Ein Mathematiker vermeidet Rechnen.“ Ich selbst halte gute Rechenfertigkeiten für ganz wichtig im Leben, genauso wie Rechtschreib- und Fremdsprachenkenntnisse und manches andere. Und in der Wirtschaftsmathematik spielt das Rechnen wirklich ein große Rolle.

„Was ist denn eigentlich Mathematik?“

Da ich mein ganzes Leben lang als Wirtschaftsmathematiker gearbeitet habe, erfolgt die Antwort aus diesem Blickwinkel. Daher liegt der Schwerpunkt der nachstehenden Geschichten auf wirtschaftlichen Anwendungen der Mathematik. Der Begriff Wirtschaftsmathematik ist nicht ganz klar umrissen. Zum einen bezeichnet er ein Teilgebiet der Mathematik, das mathematische Methoden auf wirtschaftliche Fragestellungen anwendet, zum anderen wird darunter manchmal auch „Mathematik für Wirtschaftswissenschaftler" verstanden. Zur Wirtschaftsmathematik gehören Finanz- und Versicherungsmathematik, Operations Research, Statistik, Optimierung und manches mehr.

Selbstverständlich gibt es oftmals Überschneidungen zu anderen Gebieten, wie der „reinen" Mathematik, die die Grundlagen für neue Impulse und Weiterentwicklungen liefert, sowie zur Techno-, Bio- und Computermathematik. Diese Teilbereiche der Mathematik lassen sich nur schwer voneinander abgrenzen. Ein wesentlicher Bestandteil der modernen Mathematik ist die Informatik, ohne sie ist Mathematik inzwischen undenkbar.

Die Geschichten in diesem Bändchen sollen Beispiele für die Vielfalt der Wirtschaftsmathematik zeigen, Interesse an der Mathematik und deren Anwendungen wecken und neugierig auf mehr machen. Es wendet sich an einen breiten Leserkreis: Gymnasiasten, die über eine Studienrichtung nachdenken, Lehrer, Studienberater und alle an der Mathematik Interessierten. Um niemanden zu überfordern oder gar abzuschrecken, habe ich bewusst auf Formeln verzichtet. Das Buch ist kein Lehrbuch und will es auch nicht sein. Die einzelnen Geschichten sind weitestgehend unabhängig voneinander; Vorkenntnisse in Mathematik sind kaum erforderlich.

Ich wünsche allen Lesern viel Vergnügen bei der Lektüre dieses Buches. Wer möchte, kann sich gern an den eingestreuten Fragen, deren Lösungen am Ende des Buches angegeben sind, üben.

Dem Springer-Verlag, insbesondere Frau Schmickler-Hirzebruch und Frau Gerlach, danke ich für die Herausgabe dieses Bandes und die bewährt gute Zusammenarbeit. Ein besonderes Dankeschön geht an Herrn Dr. Alexander Gold für nützliche Hinweise und Anregungen.

Chemnitz, im Juli 2017 Bernd Luderer

Inhaltsverzeichnis

1 Don't worry about „Formeln"!

„GANZ ohne Formeln!" So wurde auf der Titelseite für dieses Buch geworben. Nun kommt die erste Seite und – schwups! – schon taucht das Wort „Formel" auf. Warum? Wenn man Formeln vermeiden will, um niemanden zu verschrecken, so muss zunächst erst einmal geklärt werden, was denn eigentlich eine Formel ist.

Zunächst einmal hat eine Formel in der Regel die Form einer Gleichung, welche ein allgemeingültiges Gesetz ausdrückt, sie liefert die Kurzdarstellung eines Zusammenhangs. Man kann eine Formel auch einfach als eine Folge von Buchstaben, Zahlen und Operationszeichen betrachten.

Formeln sind ein wichtiger Bestandteil der Mathematik. Sie machen deren Sprache klar, kurz und präzise. Gäbe es keine Formeln und strenge Formalisierung der Mathematik, wie es in früheren Zeiten durchaus üblich war, wäre vieles erheblich schwerer zu verstehen (siehe beispielsweise die mittelalterlichen Rechenaufgaben von Adam Ries auf S. 14). Ein Grund, warum viele Leute Formeln (oder auch Funktionen) so gar nicht mögen, besteht darin, dass in solchen Beziehungen oft nicht klar ist, was dahintersteht bzw. was die darin vorkommenden Symbole und Buchstaben bedeuten.

Daher soll an dieser Stelle – entgegen dem Versprechen auf dem Buchcover – eine Formel beschrieben und erläutert werden, mit dem unbedingten Versprechen, dass in allen anderen Geschichten dieses Buches wirklich keine Formeln vorkommen werden. Beispielhaft wird ein Ausdruck aus der Finanzmathematik betrachtet, der beschreibt, welche Zinsen Z bei der linearen Verzinsung anfallen, wenn das Kapital K, der Zinssatz i und die Anlagezeit t (als Anteil einer Zinsperiode) bekannt sind:

$$\boxed{Z = K \cdot i \cdot t}$$

Dies ist eine Formel im eigentlichen Sinne, d. h. eine Gleichungsbeziehung, bei der die gesuchte Größe „mutterseelenallein" allein auf der linken Seite steht (und nur dort!), während alle auf der rechten Seite vorkommenden Größen bekannt sind.

Was hat man zu tun? Man setzt die konkret gegebenen Werte für K, i und t ein und berechnet Z. Wird also ein Kapital von 1000 Euro bei einem jährlichen Zinssatz von 2 % über acht Monate angelegt, so erzielt man damit Zinsen in Höhe von

$$Z = 1000 \cdot \frac{2}{100} \cdot \frac{8}{12} = 13,33 \text{ [Euro]}.$$

Natürlich könnte man auch schreiben: „Die anfallenden Zinsen ergeben sich aus dem Kapital, multipliziert mit dem Zinssatz und der Zeit." Aber mal ehrlich, ist der obige Ausdruck nicht einfacher als der verbal beschriebene Zusammenhang?

Also: Formeln im eigentlichen Sinn sind **einfach**. Davor muss sich wirklich niemand fürchten! Dennoch werden sie in diesem Buch nicht auftauchen.

Fairerweise muss gesagt werden, dass man es bei ernsthafter Beschäftigung mit (Wirtschafts-)Mathematik auch mit wesentlich komplizierteren Formeln, Funktionen, Methoden und Algorithmen zu tun hat. Aber deren Herleitung oder detaillierte Beschreibung ist nicht das Anliegen dieses Buches. Daher gilt von nun an die auf der Titelseite stehende Devise „Ganz ohne Formeln!", denn im Weiteren soll vor allem gezeigt werden, womit sich Wirtschaftsmathematiker beschäftigen, wie facettenreich, nützlich und anwendungsbezogen diese Wissenschaft ist und dass es Riesenspaß macht, sich mit Wirtschaftsmathematik zu befassen.

2 Wer schön sein will, muss ... warten

Zeit gewonnen, viel gewonnen;
Zeit verloren, viel verloren.
Sprichwort

DORFFEST in K. Eine bekannte Make-up-Artistin aus der Kreisstadt hat ihr Kommen angesagt. Sie wird eine Vorher-Nachher-Show veranstalten, in der sie vier Dorfbewohnerinnen umstylen will. Ihr Team besteht aus einem Frisör und einer Stylistin, welche sich um das Schminken kümmern wird. Es wurde festgelegt, dass erst frisiert und danach geschminkt wird.

Nach einer kurzen Vorbesprechung mit den vier Freiwilligen Agath, Beate, Cecilie und Dorit legt die Make-up-Artistin die neuen Looks fest und notiert für jede Teilnehmerin, wie lange voraussichtlich das Frisieren und das Schminken dauern wird, denn es muss alles sehr zügig ablaufen, das Publikum will ja nicht stundenlang warten. Die Zeitvorgaben (in Minuten) lauten wie folgt:

	Agathe	Beate	Cecilie	Dorit
Frisieren	20	8	22	30
Schminken	25	15	6	33

„Wie lange wird das Umstylen aller Teilnehmerinnen ungefähr dauern?“, fragt der Moderator der Veranstaltung. Die Make-up-Artistin zuckt mit den Schultern: „Vielleicht eine Stunde, vielleicht auch zwei.“

Ein Volontär aus dem Backstage-Bereich, ein Student der Wirtschaftsmathematik, der sich nebenbei etwas dazuverdient, ruft dazwischen: „Mindestens 87 Minuten, vermutlich aber etwas länger.“

Frage: Wie kommt der Volontär auf diese Antwort?

„Bitte machen Sie so schnell wie möglich!“, bittet der Moderator, „die Zuschauer sind schon sehr gespannt.“

„Okay, die erste Teilnehmerin, Agathe, bitte, und Beate hält sich schon bereit.“ Wieder mischt sich der Volontär ein: „Nehmen Sie als erste Beate, dann Agathe, Dorit und danach schließlich Cecilie.“

Die Make-up-Artistin ist zwar verwundert, tut aber, wie ihr geraten wurde. Und tatsächlich, auf diese Weise spart sie 16 Minuten gegenüber der ursprünglich vorgesehenen alphabetischen Reihenfolge ein. Wieso, wird gleich erklärt werden.

Bei der beschriebenen Situation handelt es sich nämlich, mathematisch gesprochen, um ein *Maschinenbelegungsproblem* mit zwei Maschinen. Die Lösung selbst besteht in der Anwendung der sogenannten *Johnson-Regel*:

1. Suche die Teilnehmerin mit der insgesamt kürzesten „Bearbeitungszeit“. Ist das die Zeit für das Frisieren (Schminken), so ordne sie ganz vorn (hinten) unter allen noch nicht eingeordneten Teilnehmerinnen ein.
2. Verfahre mit allen restlichen Teilnehmerinnen ebenso, bis alle eingeordnet sind.

Im vorliegenden Fall ist „6“ die absolut kleinste Zahl, und sie steht für Schminken. Daher wird Cecilie ganz hinten eingeordnet. Die kleinste Zahl bei den restlichen drei Teilnehmerinnen ist „8“, diesmal beim Frisieren. Folglich wird Beate an die erste Stelle gesetzt. Nun verbleibt „20“ als Minimum aller übrigen Zeiten, wieder betrifft es das Frisieren, weshalb Agathe an die zweite Stelle in der Reihenfolge gesetzt wird. Die letzte, noch nicht eingeordnete Teilnehmerin ist Dorit, sie kommt als dritte dran.

Berechnet man die Zeit für den Gesamtdurchlauf aller Teilnehmerinnen, einmal für die „natürliche“, dem Alphabet entsprechende Reihenfolge Agathe, Beate, Cecilie, Dorit und zum anderen für die vom Volontär vorgeschlagene Abfolge, so ergeben sich als Zeiten 113 bzw. 97 Minuten. Nachstehend wird die – mathematisch gesprochen – „Abarbeitung der Aufträge auf den Maschinen“ mithilfe von Gantt-Diagrammen dargestellt. Dies sind übersichtliche Schemata, die nach ihrem Erfinder, einem US-amerikanischen Ingenieur, benannt sind und die Abarbeitung der einzelnen Aufträge bzw. die entstehenden Wartezeiten auf beiden Maschinen zeigen. Die waagerechte Achse entspricht dabei der Zeit.

Darstellung des Ablaufs für die ursprüngliche Reihenfolge Agathe, Beate, Cecilie, Dorit:

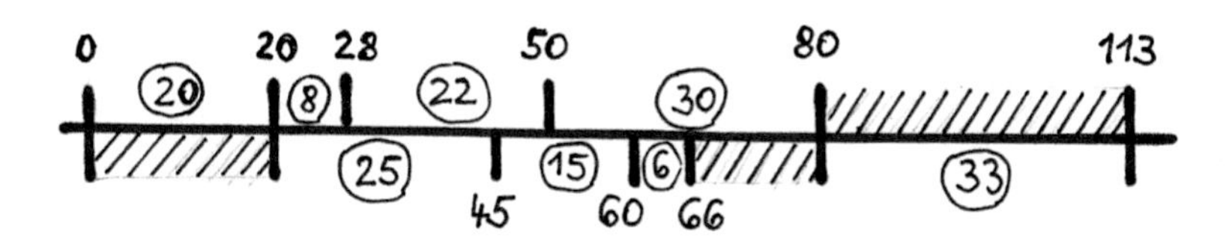

Die schraffierten Bereiche bedeuten Wartezeiten. Die Stylistin muss also erst einmal 20 Minuten warten, bevor sie beginnen kann, später noch einmal 14 Minuten, da Dorit, die vierte Teilnehmerin, noch frisiert wird.

Die Darstellung des Ablaufs für die durch die Johnson-Regel ermittelte Reihenfolge Beate, Agathe, Dorit, Cecilie liefert die folgenden Zeiten:

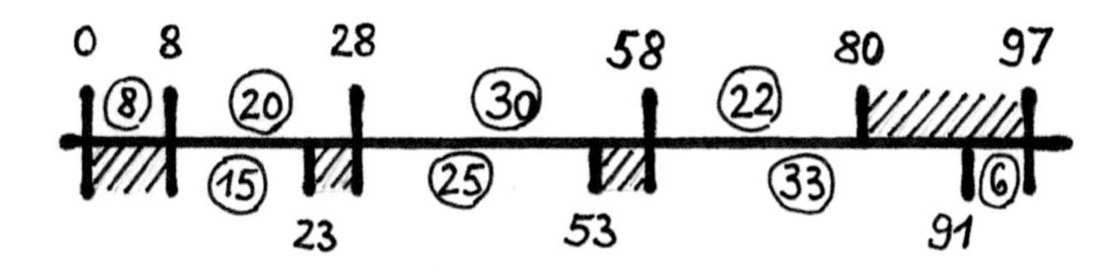

Die Differenz der Zeiten für den Gesamtdurchlauf aller Teilnehmerinnen bei den beiden betrachteten Reihenfolgen beträgt somit 16 Minuten, d. h., im vorliegenden Fall kann man dank der Anwendung der Johnson-Regel eine Verkürzung der Durchlaufzeit um ca. 14 % erzielen.

Ein *Zwei-Maschinen-Problem* zeichnet sich gegenüber Fragestellungen mit mehr als zwei Maschinen dadurch aus, dass mit der Johson-Regel eine sehr einfache, explizite Lösung möglich ist. Damit bildet diese Aufgabenstellung gewissermaßen eine Ausnahme, während ansonsten umfangreiche und rechenaufwendige mathematische Algorithmen der diskreten Optimierung zum Finden der optimalen Lösung anzuwenden sind.

Bei Maschinenbelegungsproblemen mit mehreren parallelen Maschinen – in der Praxis in den verschiedensten Situationen angewendete Modelle – unterscheidet man sog. *Flow-Shop-*, *Job-Shop-*, *Open-Shop-* und weitere Probleme. Dabei werden unter anderem diese Kenngrößen berücksichtigt: Maschinenanzahl und deren Anordnung, Auftragsanzahl und deren Reihenfolge, Rüstzeiten, Lager- und Ressourcenbeschränkungen, Möglichkeit der Unterbrechung von Aufträgen etc.

Literatur:

Domschke W. , Scholl A., Voß S.: Produktionsplanung: Ablauforganisatorische Aspekte. 2. Aufl. Springer, Berlin 2013

Zäpfel G., Braune R.: Moderne Heuristiken der Produktionsplanung: am Beispiel der Maschinenbelegung. Verlag Vahlen, München 2005

3 Möglichst einfach

Möglichst einfach die Dinge darstellen, möglichst wenig rechnen – dieser Wunsch besteht in vielen Wissensgebieten. Und genau das ist der Hintergrund eines oft angewandten Zugangs, der *Linearisierung*. Eine „komplizierte“ Kurve wird durch eine *Gerade* ersetzt, analytisch beschrieben durch eine lineare Funktion, wobei *linear* bedeutet, dass die Variable x in der ersten Potenz vorkommt (also $2x$ oder $5x$, nicht x^2 oder $\sin x$). Mit einer linearen Funktion lässt sich viel leichter rechnen, sie ist einfach.

Bei dieser Ersetzung sollen natürlich keine wesentlichen Zusammenhänge verlorengehen und keine unzulässigen Vereinfachungen vorgenommen werden. Daher funktioniert dieser „Trick“ meist nur in einer kleinen Umgebung eines festen Punktes. Was unter „klein“ zu verstehen ist, hängt vom jeweiligen Problem ab, man kann es schwer allgemein formulieren. Zwei Beispiele sollen dies verdeutlichen:

1. Jemand zeichnet – warum auch immer – in einer Sandwüste mithilfe eines Stocks und eines sehr langen Seils einen Kreis mit dem Radius 1 km. Ein Wanderer entdeckt die Zeichnung und verfolgt diese neugierig 10 m weit. Er denkt, es sei eine Gerade, weil er auf diesem relativ kurzen Stück einen Kreisbogen nicht von einer geraden Linie unterscheiden kann.

2. In der Schule malt der Lehrer mit einem Folienschreiber eine gekrümmte Linie auf die Folie, dazu die Tangente, die in einem Punkt des Graphen diese Kurve annähert. Max sitzt auf der letzten Reihe, seine Brille ist leider nicht mehr die beste. Er kann knapp neben dem Punkt keinerlei Unterschied zwischen der Kurve und ihrer Tangente feststellen.

In beiden Fällen wird kein großer Fehler begangen, wenn man eine gekrümmte Kurve durch eine Gerade und die dahinterstehende lineare Funktion ersetzt. Das vereinfacht viele Modelle, welche komplizierte Zusammenhänge möglichst einfach beschreiben sollen. Mathematisch gesehen stehen hinter diesem Zugang solche Begriffe aus der Differenzialrechnung wie *Ableitung* und *Differenzial*, aus ökonomischer Sicht das *(vollständige) Differenzial* oder die *(partielle) Elastizität*.

4 Gute Chefsekretärin dringend gesucht!

Dem Chef könnte nichts Schlimmeres passieren,
als wenn seine Sekretärin sich ein Beispiel an ihm nähme.

Aphorismus

Herr Dr. Schmidt, Geschäftsführer eines mittelständischen Unternehmens, sucht händeringend nach einer Chefsekretärin. Sie soll möglichst mit der Branche vertraut und versiert im Umgang mit dem Computer sein, Fremdsprachen beherrschen sowie kundenorientiert arbeiten können. Wo nur findet er eine solche Mitarbeiterin? Der Markt ist wie leergefegt. Er aber braucht unbedingt eine Sekretärin und das möglichst bald.

Nach längerer Suche hat sich eine bestimmte Anzahl möglicher Kandidatinnen gemeldet. Diese Anzahl soll mit n bezeichnet werden (so wäre z. B. $n = 20$, wenn sich 20 Bewerberinnen gemeldet hätten). Nun führt er – in zufälliger Reihenfolge – nacheinander Einstellungsgespräche mit den Bewerberinnen. Am Ende jedes Gesprächs entscheidet er sofort, ob die Dame eingestellt oder abgelehnt wird. Eine einmal abgelehnte Bewerberin wird nicht zurückkommen, das weiß er hundertprozentig.

Wie soll Herr Dr. Schmidt vorgehen, um mit hoher Wahrscheinlichkeit aus allen Bewerberinnen die beste oder zumindest eine möglichst gute Sekretärin zu finden?

Diese Thematik, in der Fachliteratur *Sekretärinnenproblem* genannt, klingt zunächst recht realitätsfern. Es gibt jedoch zahlreiche praxisrelevante Situationen, die der oben beschriebenen entsprechen oder zumindest sehr ähnlich sind, wie etwa der Kauf bzw. der Verkauf einer Aktienposition zu einem möglichst guten Kurs oder das Einholen eines Angebots für eine Ware oder Dienstleistung unter hohem Zeitdruck. Weitere Entscheidungssituationen aus den verschiedensten Anwendungsbereichen sind am Ende der Geschichte aufgelistet.

Wie könnte nun eine Strategie aussehen, bei deren Anwendung die beste unter allen Bewerberinnen mit der größten Wahrscheinlichkeit ausgewählt wird? Zum Beispiel so: Es wird nach gewissen Regeln, die etwas später detailliert beschrieben werden, eine Zahl r festgelegt, die zwischen 1 und $n-1$ liegt, unter der obigen beispielhaften Annahme $n = 20$ müsste die Größe r somit zwischen 1 und 19 liegen; man nimmt zum Beispiel $r = 3$, $r = 5$, $r = 8$ oder eine andere Zahl. Welche, wird noch besprochen. Dann werden – in zufälliger Auswahl – die ersten r Bewerberinnen zum Gespräch eingeladen und bewertet, aber nicht eingestellt, d. h., die Entscheidung, die Herr Dr. Schmidt trifft, lautet für die ersten r Bewerberinnen automatisch „Abgelehnt!“.

Da die abgelehnten Anwärterinnen aber alle bewertet wurden, hat sich der Geschäftsführer eine gewisse Vorstellung davon verschafft, wie das Niveau der Bewerberinnen in etwa ist bzw. sein kann; er legt damit für sich ein bestimmtes Level fest, von dem er bei den nächsten Damen ausgehen wird.

Anschließend wird aus den nachfolgenden $n-r$ Bewerberinnen die erste Bewerberin ausgewählt, die besser ist als die beste der bereits eingeladenen (und abgelehnten) r Bewerberinnen. Gibt es keine bessere als die ersten r Kandidatinnen, so muss Herr Dr. Schmidt in den sauren Apfel beißen und die allerletzte nehmen (die unter Umständen sogar die schlechteste sein kann), denn er will ja unbedingt eine Sekretärin für sich einstellen.

In welchem Fall wird mithilfe dieser Strategie tatsächlich die beste Bewerberin gefunden? Zunächst ist klar, dass sich die beste Kandidatin nicht unter den ersten r befinden darf, denn sonst würde sie abgelehnt. Außerdem darf nach den ersten r Bewerberinnen und vor der insgesamt besten keine andere Bewerberin kommen, die besser als die ersten r Bewerberinnen ist. Die Wahrscheinlichkeit für dieses Ereignis lässt sich berechnen. Ferner kann man – für eine gegebene Anzahl n an Bewerberinnen – die gesuchte Größe r so bestimmen, dass diese Wahrscheinlichkeit maximal wird.

Es lässt sich zeigen, dass beispielsweise für $n = 10$ Kandidatinnen die größte Wahrscheinlichkeit dafür, die beste Bewerberin zu finden, sich für $r = 3$ ergibt und ca. 40 % beträgt. Damit lautet die Strategie, die Herrr Dr. Schmidt anwenden sollte, wie folgt:

> Beobachte und bewerte die ersten drei Kandidatinnen, aber stelle sie nicht ein. Von den nachfolgenden Bewerberinnen wird die erste genommen, die besser als die anfänglichen drei ist, sofern es eine solche gibt. Sonst wird die letzte, d. h. die zehnte Bewerberin eingestellt.

Für eine beliebige Bewerberinnenzahl n ist bei $r \approx 0,37 \cdot n$ die Chance am höchsten, mit der nächsten Bewerberin, die besser als alle vorhergehenden ist, die insgesamt beste „herauszufischen"; diese Wahrscheinlichkeit beträgt etwa 37 %.

Verwandte Fragestellungen sind:

- die Festlegung, wann beim Maschinellen Lernen bzw. bei Nutzung der Künstlichen Intelligenz die Trainigsphase eines Modells beendet wird, damit das konstruierte Vorhersagemodell mit möglichst hoher Wahrscheinlichkeit optimal wird,
- der Verkauf einer Immobilie, für die es mehrere Kaufinteressenten mit unterschiedlichen Kaufpreisangeboten gibt (die potenziellen Käufer werden jeweils einzeln vorstellig),
- die sog. *„holländische"* oder *Rückwärtsauktion*, bei der man – beginnend mit einem (hohen) Preis, der ständig sinkt – ein Gut (z. B. Blumen) erwerben kann, wenn man bei einem bestimmten Preis bietet und kein Konkurrent vorher geboten hat,
- der Einkauf von Gemüse (Ziel: möglichst gut und billig) auf

einem ausgedehnten Markt oder in Eile oder bei schlechtem Wetter, sodass nicht jeder Marktstand besucht werden kann und keine Rückkehrmöglichkeit besteht,

- die Suche nach einem Parkplatz in einer Einbahnstraße, möglichst nahe an einem zu besuchenden Haus, wobei unbekannt ist, ob weitere freie Plätze kommen,
- im Märchen die Suche eines Königs nach einem Prinzen, der der Gemahl seiner Tochter werden soll; wird er von der Prinzessin abgelehnt oder erfüllt er die ihm gestellten Aufgaben nicht, verliert er sein Leben – eine Zurücknahme der Ablehnung ist daher definitiv ausgeschlossen! Tatsächlich wird das Sekretärinnenproblem mitunter auch als *Heirats-* oder *Mitgiftproblem* bezeichnet, denn auch die Wahl eines Ehepartners bei einer „Vernunftheirat“ und keiner Liebesheirat gehört zu diesem Themenkreis (hier spielt das fortschreitende Alter der zu Verheiratenden eine wichtige Rolle). Balzac hat diese Situation in mehreren seiner Romane beschrieben.

Neben der beschriebenen „Standardvariante“ des Sekretärinnenproblems gibt es zahlreiche Modifikationen:

- die Anzahl n an Bewerberinnen ist unbekannt,
- es wird nicht ausschließlich die beste Bewerberin gesucht, es kann auch die zweitbeste oder irgendeine der besten 10 % sein,
- die Wahrscheinlichkeit, eine der 10 % Schlechtesten zu „erwischen“, soll minimiert werden.

Frage: Ist es sehr wahrscheinlich, mit der oben beschriebenen Strategie die Beste zu finden, wenn r sehr klein (nahe null) oder sehr groß (nahe n) gewählt wird?

Literatur:

Bruss, F. T.: Die Kunst der richtigen Entscheidung. In: Spektrum der Wissenschaft (2005), S. 78-84

Freeman, P. R.: The secretary problem and its extensions: A review. In: Int. Stat. Rev. 51 (1983), S. 183-206

5 Bitte nicht zu nahe treten!

Nie sollst du mich befragen, noch Wissens Sorge tragen,
woher ich kam der Fahrt, noch wie mein Nam' und Art.
Lohengrin

Der Sommer naht, die Klausur „Mathematik für Wirtschaftswissenschaftler“ harrt ihrer Ausarbeitung. Möglichst anwendungsbezogen sollen die Aufgaben sein, aus dem Leben gegriffen, nicht zu abstrakt.

Ich grübele und grübele. Hurra, ich hab's: Dem BMI soll die Klausur gewidmet sein, dem *Body Mass Index.* Dieser erlaubt bekanntlich festzustellen, ob eine erwachsene Person normal-, unter- oder übergewichtig ist, und berechnet sich gemäß der Vorschrift

BMI = Gewicht [in kg] : Körpergröße [in m] zum Quadrat.

Von Normalgewicht spricht man bei Werten von 20 bis 25, darunter von Untergewicht, darüber von leichtem bis sehr starkem Übergewicht (entsprechende Tabellen findet man schnell im Internet).

Mathematisch gesehen handelt es sich beim BMI um eine Funktion zweier Veränderlicher: dem Gewicht und der Körpergröße. Da aber nach Beendigung der Wachstumsphase und quasi bis zum Rentenalter die Körpergröße eines Menschen nahezu konstant bleibt, liegt im eigentlichen Sinn nur eine **Funktion einer Variablen** vor – ein sehr einfaches mathematisches Objekt. Nichtsdestotrotz lassen sich etliche interessante Aufgaben ausdenken (Antworten siehe Anhang), die alle wesentlichen Ausbildungsinhalte für Studierende der Wirtschaftswissenschaften überdecken, wie zum Beispiel:

- Wie viel Kilogramm muss man abnehmen, damit sich der BMI um eins verringert?
- Wie kann man unter Nutzung der Begriffe *Differenzial* bzw. *Elastizität* (s. Luderer/Würker) näherungsweise berechnen, wie sich der BMI **absolut** bzw. **prozentual** verändert, wenn sich das Gewicht um 1 % ändert?

• Wie hat man die Berechnungsvorschrift zu modifizieren, wenn man anstelle von Meter und Kilogramm die in England gebräuchlichen, nichtmetrischen Maßeinheiten „pound“ und „inch“ verwendet?

Eine weit verbreitete, in der Berechnung deutlich einfachere Faustregel zur Bestimmung des „Idealgewichts“ eines Menschen lautet

$$\text{Idealgewicht [in kg]} = \text{Körpergröße [in cm]} - 100,$$

wenn diese auch oft geschmäht und als ungenau abgetan wird. Tatsächlich jedoch liefert sie für „Standard“-Körpergrößen im Bereich von 1,50 m bis 2,10 m recht gute Ergebnisse. Noch brauchbarere Resultate erzielt man, wenn die 100 durch 105 oder 110 ersetzt wird. Auch das sollten meine Studenten in der Klausur nachweisen.

Um den Studierenden etwas Gutes zu tun, die Klausur ein bisschen leichter zu machen und ihnen einige Punkte zu „schenken“, lautete die allererste Aufgabe: „Welchen Wert hat Ihr eigener BMI?“ Also: Zwei Zahlen einsetzen – ausrechnen – fertig!

Nun die Überraschung! Diese Reaktionen hatte ich nicht erwartet: Nahezu jedermann versah – trotz Zeitnot, wie in jeder Klausur! – die Berechnung mit Entschuldigungen und Kommentaren. Ein junger Mann machte die verlegen klingende Anmerkung: „Ich denke, ich sollte abnehmen“, während sich eine Kommilitonin zu dem etwas trotzig klingenden Kommentar bemüßigt fühlte: „Ich bin zwar untergewichtig, aber ich fühle mich dennoch gesund!“ Etliche Studierende jedoch, sowohl weibliche als auch männliche, wendeten eine Verschleierungstaktik an und führten die Rechnung zweimal aus – beim zweiten Mal mit deutlich verbesserten Daten, da beim ersten Mal ihr BMI nicht im „grünen Bereich“ lag.

Upps, die Frage war wohl zu intim – der Schutz der persönlichen Daten geht vor Mathematik, getreu dem Motto: „Nie sollst du mich befragen“.

Literatur:

Luderer B., Würker U.: Einstieg in die Wirtschaftsmathematik. 9. Aufl., Springer Gabler, Wiesbaden 2014

6 „Das macht nach Adam Ries(e) …“

Zeitgenössisches Porträt von Adam Ries.
Holzschnitt auf dem Titelblatt
seines dritten Rechenbuches (1550)

Mit Fug und Recht kann man Adam Ries als einen mittelalterlichen Wirtschaftsmathematiker bezeichnen. Er, dessen Geburtstag sich 2017 zum 525. Mal jährt, leistete nicht nur einen herausragenden Beitrag zur theoretischen Weiterentwicklung der Mathematik im 16. Jahrhundert, er war auch und vor allem Praktiker, denn die von ihm bearbeiteten und publizierten Aufgaben sind zum überwiegenden Teil unmittelbar dem täglichen Leben entlehnt.

„Das macht nach Adam Ries(e) …“ ist eine feste Redewendung der Deutschen geworden, allerdings scheiden sich beim Familiennamen die Geister – so wird im süddeutschen Sprachraum vorwiegend „Riese“ gesagt, während Sprachforscher „Ries“ für angemessener halten (vgl. Annaberger Museumsblätter); auch im obigen Porträt findet man diese Namensform. Ries wurde 1492 in Staffelstein (Oberfranken) geboren und starb 1559 in Annaberg (Erzgebirge). Zu seinen bedeutendsten Publikationen gehören unter anderem das erste Rechenbuch „Rechnung auff der linihen ...“ (= Abakusrechnung; 1518), das zweite Rechenbuch „REchenung auff der Linien vnd Federn“ sowie die 1525 vollendete Reinschrift des ersten Teils seiner „Coß“, die jedoch ungedruckt blieb und lange Zeit verschollen war.

Studiert man die von ihm gestellten Aufgaben, so fallen drei Dinge sofort ins Auge:

Zum Ersten sind die von ihm bearbeiteten Aufgaben durchweg praxisrelevant und widerspiegeln das mittelalterliche Leben in sehr direkter Weise. Der oft nicht unerhebliche Rechenaufwand resultiert unter anderem aus der Vielzahl an meist nichtmetrischen Münzwerten, Maßen und Gewichten, die ineinander umgerechnet werden mussten, wobei diese zudem von Ort zu Ort verschieden waren und sich beständig änderten. Dabei ist zu bedenken, dass es zu Adam Ries' Zeiten solche Hilfsmittel wie Taschenrechner oder Computer selbstverständlich nicht gab, ja, dass das „Rechnen auf der Feder“, also das schriftliche Rechnen, sich gerade erst herausbildete, während bis dahin das „Rechnen auf den Linien“ mit Rechenpfennigen, dem Abakusrechnen vergleichbar, vorherrschte.

Zum Zweiten hat Ries ein absolut entspanntes Verhältnis zur Rechtschreibung, man fühlt sich mitten hinein versetzt in ein heutiges Internetforum, wo viele Rechtschreibung und Grammatik nicht einmal ansatzweise mehr beherrschen. Bei Ries allerdings war es wohl mehr die mittelalterliche Epoche, in der sich eine sprachliche Reglementierung gerade erst herauszubilden begann.

Zum Dritten ist seine Sprache recht eigentümlich und die von ihm angegebenen Rechenwege sind für den modernen Menschen oftmals recht verworren und muten kompliziert an. Man kann daher erfreut vermerken, dass sich aus methodischer Sicht und hinsichtlich der

Sprache im Laufe der Jahrhunderte vieles vereinfacht hat. An dieser Stelle möchte ich anmerken, dass die Formalisierung und damit die von mir aus diesem Buch verbannten Formeln viel zum heutigen besseren Verständnis beigetragen haben, da sie die Beschreibung von Sachverhalten eindeutiger und klarer machen.

Zwei Kostproben, beide aus dem zweiten Rechenbuch von Adam Ries stammend (vgl. dazu Deschauer), sollen einen kleinen Einblick in die Welt des Adam Ries vermitteln.

> **(Rosßfutter)** Item ein Hofmeister verdingt einem Wiert 12.Pferdt ein Jar/ mit solchem geding/ er sol jedem die Wochen geben 2. schöffel Habern/ 40. Bund Häuw/ vnnd 10. bund Stroh: Des Habern gibt man ein Schöffel für 2. groschen/ 40. Bund Häuw für 3. groschen / vnnd 10. bund Stro für 2. Groschen. Wie viel seind die Pferdt schuldig?

In moderner Sprache: Ein Hofmeister gibt einem Wirt 12 Pferde für ein Jahr unter den folgenden Bedingungen: Er soll jedem Pferd pro Woche 2 Scheffel Hafer, 40 Bund Heu und 10 Bund Stroh geben. Ein Scheffel Hafer kostet 2 Groschen, 40 Bund Heu 3 Groschen und 10 Bund Stroh 2 Groschen. Wie teuer sind die Pferde?

Lösung: Die Kosten pro Woche und Pferd belaufen sich auf $(2 \cdot 2 + 3 + 2)$ gr = 9 gr. Damit betragen die Kosten für zwölf Pferde im Jahr $9 \cdot 12 \cdot 52$ gr = 5616 gr= 267 fl 9 gr, wenn man berücksichtigt, dass 1 fl (Gulden) = 21 gr (Groschen) entspricht. (Der Groschen (lat. *grossus* „dick“) war ursprünglich eine dicke Silbermünze; der Begriff Gulden kommt vom mittelhochdt. *guldin pfennic* „goldene Münze“; er wurde im 14. Jh. als Nachahmung des florentinischen Fiorino geprägt und hieß deshalb auch Florin, daher die Abkürzung.)

> **(Gewandt Rechnung)** Item einer kauffet zween Säum gewandt zu Bruck ub Flandern/ kost ein Tuch 13. fl. ein halben/ helt ein Saum 22. Tuch/ kosten mit fuhrlon biß gen Pressburg in Vngern 34. fl. Alda gibt er ein Tuch für 12. fl. vierdthalben ort Vngerisch/ vnd 100. Vngerisch thun 136 fl. ein ort Rheinisch.

In moderner Sprache: Einer kauft 2 Saum (= Längenmaß) Gewand in Brügge in Flandern. 1 Tuch (= Längenmaß) kostet $13\frac{1}{2}$ Rheinische Gulden. 1 Saum hat 22 Tuch. Der Fuhrlohn bis nach Pressburg in Ungarn (heute: Bratislava in der Slowakei) beträgt 34 Gulden. Dort verkauft er ein Tuch für 12 Gulden $3\frac{1}{2}$ Ort. Und 100 Ungarische Gulden entsprechen 136 Gulden 1 Ort Rheinische (Gulden).

> Machs also/ rechen zum ersten was die Tücher kosten/ zum selbigen addir das fuhrlohn/ vnd verzeichen es ein weil [schreibe es auf]/ Darnach rechen wie viel er Vngerisch darauß kaufft/ dasselbig mach zu Reinischen/ vnd nimb ab/ was dich die Tücher gekostet haben/ so bleibt dir Reinisch gewin ... den mach zu Vngerischen

Frage: Macht der Händler Gewinn oder Verlust?

Eine einfache Antwort hierauf kann man durch eine grobe Abschätzung erzielen. Die genaue Rechnung ist deutlich komplizierter, insbesondere hat man sich mit (sehr unschönen) Brüchen herumzuschlagen. Außerdem muss man wissen, dass gilt: 1 fl = 4 Ort; 1 fl = 20 ß (Schillinge), 1 ß = 12 Heller.

Literatur:

Annaberger Museumsblätter 7. Adam Ries – Leben und Werk, Ein Abriß, Teil 2. Hrsg. Erzgebirgsmuseum Annaberg-Buchholz 1989

Deschauer S.: Das zweite Rechenbuch von Adam Ries. Eine moderne Textfassung mit Kommentar und metrologischem Anhang und einer Einführung in Leben und Werk des Rechenmeisters. Vieweg, Braunschweig / Wiesbaden 1992

Ries A.: Adam Risen// REchenbuch/ auff Linien// vnd Ziphren/ in allerley Hand// thierung / Geschäfften vnnd Kauffman-// schafft. Mit neuwen künstlichen Regeln vnd// Exempeln gemehret/ Innhalt für// gestellten Registers.// Alles von neuwem jetzundt widerumb erse-// hen vnd Corrigirt. Franck[furt am Main] Bey. Chr. Egen. Erben. 1574. Nachdruck: Edition »libri rari«, Verlag Th. Schäfer, Hannover 1992

7 Schnäppchenjägerinnen unterwegs

ANNIKA ist mit Julia, ihrer Freundin, auf Shoppingtour. Wenn es Schnäppchen gibt, schauen sie nicht aufs Geld. Am verlockendsten sind Rabatte. Mit der Aussicht auf Rabatte kauft Annika auch Sachen, die sie eigentlich gar nicht braucht.

Schon lädt ein Schuhgeschäft die beiden Freundinnen ein: „Beim Kauf von zwei Paar Schuhen gibt es das zweite für die Hälfte."

„Prima", jubelt Annika, „da kaufe ich mir die Over-knee-Stiefel für 160 €, die ich schon immer wollte, und nehme noch ein paar ganz billige Schuhe für 9 € dazu, die ich zwar nicht brauche, aber auf die 9 € soll es mir nicht ankommen. Ich spare ja 80 €."

„Vorsicht, Annika,", warnt Julia, „du musst den Sternchentext beachten – das zweite Paar ist das billigere von beiden."

„Schade", meint Annika, „das wäre so schön gewesen.". Nun überlegt sie: Wenn es den Rabatt auf das billigere Paar gibt, dann muss dieses möglichst teuer sein, um viel Rabatt zu bekommen. Teurer als das erste Paar kann es aber nicht sein. Daher ist es am besten, wenn beide Paare gleich teuer sind. Die Ersparnis beträgt dann 25 % des Gesamtkaufpreises.

So, erledigt, Schuhe sind gekauft. Da leuchtet schon den beiden ein großes Plakat von einem Bekleidungsgeschäft entgegen: „Das dritte Stück umsonst."

Nun kommen die beiden ins Grübeln – bietet sich da vielleicht eine noch höhere Einsparmöglichkeit? Sie können sich schon denken, dass irgendwo wieder ganz klein geschrieben steht: „Der dritte Artikel ist der billigste." Daher stellen sie nach kurzem Nachdenken fest, dass ein (nahezu) gleicher Preis der drei Artikel am vorteilhaftesten ist.

„Dann muss ich ja nur zwei von drei T-Shirts bezahlen oder nur zwei von drei Cardigans", freut sich Julia, „ich spare also 33,33 % der Gesamtsumme. Das ist ja mehr als im vorhergehenden Laden." Schon sind die beiden drinnen, und es dauert nicht lange, bis sie freudestrahlend mit mehreren großen Paketen beladen wieder vor dem Laden erscheinen.

Nun erinnert sich Annika, dass sie für das „Jeansparadies" noch zwei Coupons hat, die freilich nicht gleichzeitig eingelöst werden können, nämlich einen über 10 € und einen über 20 % der Kaufsumme. Welchen soll sie lieber nehmen? Sie grübelt und grübelt, kann sich aber nicht entscheiden. Auch Julia kann ihr leider nicht helfen. Vielleicht können Sie es, lieber Leser.

Frage: Wie teuer müssen die Jeans mindestens sein, damit es sich lohnt, den 20%-Coupon einzusetzen und nicht den 10€-Coupon?

Noch aber ist die Shoppingtour von Annika und Julia nicht beendet. Als sie an einem Einrichtungshaus vorüberkommen, entdecken Sie die Werbung „Wir schenken Ihnen die Mehrwertsteuer".

„Das kommt mir gerade recht", freut sich Annika, „ich suche schon lange ein hübsches Wandtattoo, und wenn es noch dazu 19 % billiger ist, dann greife ich heute zu."

Julia runzelt die Stirn und schaut skeptisch. „Die Mehrwertsteuer beträgt zwar 19 %, aber deswegen wird dein Einkauf nicht um 19 % billiger, denn die Differenz zwischen Brutto- und Nettopreis beträgt nur ungefähr ..."

Leider versteht Annika die genannte Prozentzahl nicht, sie geht im Straßenlärm unter.

Frage: Wie viel Prozent des Kaufpreises schenkt das Einrichtungshaus den Kunden tatsächlich?

8 Warum Mathematiker immerzu Löwen fangen

Wie fängt ein Mathematiker
einen Löwen in der Savanne?
Er baut sich einen Käfig,
stellt sich hinein und
definiert: „Hier ist außen."

Mathematikerwitz

NANU, wird sich der Leser fragen. Was hat denn ein Löwe mit Mathematik zu tun?

Nehmen wir den Löwen als Synonym für die Nullstelle einer stetigen Funktion. Stopp! Falls diese beiden Begriffe gerade etwas in Vergessenheit geraten sein sollten – eine stetige Funktion ist, vereinfacht ausgedrückt, eine Funktion, die keine Sprünge aufweist bzw. deren Graph – wieder etwas simpel ausgedrückt – in einem Zug mit einem Bleistift gemalt werden kann. Und eine Nullstelle? Das ist ein Wert x_0, für den der Funktionswert $f(x_0)$ gleich null ist. Anders ausgedrückt, es ist ein Schnittpunkt des Graphen der Funktion mit der x-Achse.

Wenn schon nicht jeder Schüler, so kann doch bestimmt ein Mathematiker solche Werte leicht berechnen! Nein, im Allgemeinen leider nicht (bis auf sehr einfache Fälle, etwa bei linearen und quadratischen Funktionen: Stichwort p, q-Formel). Es verhält sich nämlich so: Entgegen der weit verbreiteten, oftmals durch die Schule suggerierten Meinung, mit Formeln und Umformungen könne man alles lösen, ist das bei Weitem nicht so.

Andererseits ist das Finden von Nullstellen, d. h. das „Fangen von Löwen", eine sehr oft auftretende Aufgabe in der Mathematik. Will man beispielsweise die Rendite einer Geldanlage oder Extrempunkte von Gewinn- oder Kostenfunktionen berechnen, so führt das meist auf Polynomgleichungen höheren Grades, und diese lassen sich *nicht* explizit lösen, was nicht am Unvermögen des Bearbeiters liegt, sondern dem Charakter der Aufgabe geschuldet ist. Daher muss man oftmals zu *numerischen Methoden*, sprich „schlauem Probieren", greifen. Die Rechnung wird beendet, wenn eine bestimmte Genauigkeit erreicht und der Funktionswert somit ungefähr gleich null ist bzw. wenn aufeinander folgende berechnete Ergebnisse „sehr nahe beieinander“ liegen. Die Geschichten auf den Seiten 43, 63, 78 illustrieren die Notwendigkeit des „Löwenfangs“.

Ist denn schlaues Probieren auch Mathematik? Das kann doch jeder! Natürlich ist das Mathematik, denn erstens müssen effiziente Verfahren entwickelt werden, die schnell und robust arbeiten, und zweitens muss nachgewiesen werden, dass diese Verfahren auch zum richtigen Ergebnis führen und nicht etwa nur „irgendetwas“ berechnen, was mit der Lösung gar nichts zu tun hat.

Ein einfaches, dafür leicht verständliches Verfahren, soll nachstehend skizziert werden. Dabei wird der „Löwe“ immer mehr in die Enge getrieben bzw. das Intervall, in dem die Nullstelle liegt, immer mehr eingegrenzt, und dies mit beliebiger Genauigkeit, also auch sehr, sehr genau, sofern dies erforderlich sein sollte.

Das *Intervallhalbierungsverfahren* arbeitet wie folgt. Gegeben sei eine Funktion $y = f(x)$ (siehe die untenstehenden Abbildungen). Diese ist durch eine Formel gegeben (keine Angst, es wird kein konkreter Ausdruck auftauchen), ihre grafische Darstellung ist aber nicht wirklich gegeben, wie das die Abbildung vorgaukelt und weshalb der Graph der Funktion nur gestrichelt eingezeichnet ist; man kann nämlich die Funktion nur punktweise berechnen, sodass nur die Kreuze bekannte Werte sind. Gesucht ist die durch einen Kreis symbolisierte Nullstelle.

Nun nähern wir uns auch wieder unserem Löwen, aber ganz vorsichtig, er könnte angreifen. Wir begeben uns auf die Pirsch, um den Löwen (sprich, die Nullstelle) einzukreisen.

Zunächst stellen wir eine Wertetabelle auf: Für ausgewählte x-Werte werden die zugehörigen y-Werte ermittelt. Mitunter hat man eine Vermutung, wo der Löwe, pardon, die Nullstelle, liegen könnte. In der Finanzmathematik beispielsweise weiß man, dass Zinssätze im Allgemeinen bei $1\,\% = 0,01$ oder $2\,\% = 0,02$ oder vielleicht $5\,\% = 0,05$ liegen. Damit stellt der sogenannte *Aufzinsungsfaktor* $q = 1 + i$ eine Zahl dar, die etwa über eins liegt. Sucht man also die Größe q als Lösung einer Bestimmungsgleichung, so könnte man die Suche bei

$q = 1$ oder $q = 1,05$ oder einem ähnlichen Wert beginnen, wobei aber kaum damit zu rechnen ist, dass man bei der ersten Suche die Nullstelle genau „trifft", man wird nur Punkte finden, deren Funktionswert nahe null liegt.

Nehmen wir nun an, unsere Suche war erfolgreich, und wir haben einen Wert x_L gefunden, für den der Funktionswert $f(x_L)$ negativ ist, sowie einen weiteren Wert x_R mit positivem Funktionswert (siehe Abbildung (a)). Da eine stetige Funktion keine Sprünge aufweist, muss folglich der Graph der Funktion f zwischen x_L und x_R mindestens einmal die x-Achse schneiden (ein mehrfacher Wechsel vom Negativen ins Positive und umgekehrt ist natürlich ebenfalls denkbar). Hurra, wir haben den Löwen umstellt. Nun sitzt er in der Falle![1]

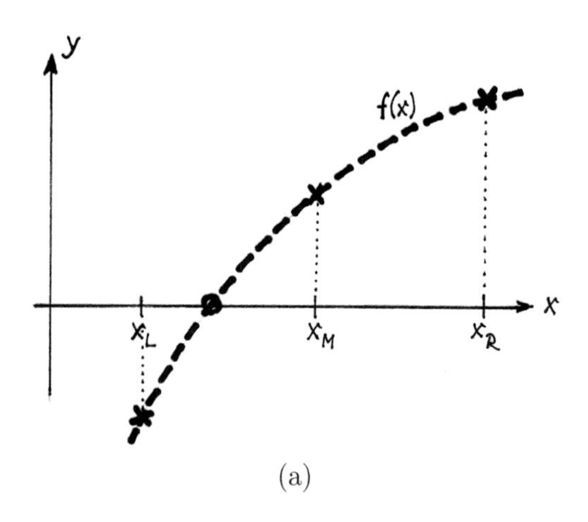

(a)

Nun wollen wir ihn in die Enge treiben. Zu diesem Zweck berechnen wir den Funktionswert im Mittelpunkt x_M des Intervalls $[x_L, x_R]$. Ist in x_M der Funktionswert bereits null ist, so haben wir den Löwen gefangen: x_M ist eine Nullstelle. Gilt aber $f(x_M) > 0$, so lauert der Löwe im nunmehr halb so großen Intervall $[x_L, x_M]$, für $f(x_M) < 0$ hingegen in $[x_M, x_R]$. In beiden Fällen wissen wir genau, in welcher

[1] Selbstverständlich ist auch die Situation möglich, dass der Funktionswert im linken Intervallende positiv und im rechten negativ ist.

Intervallhälfte der Löwe sitzt, in der linken oder in der rechten. Bei Wiederholung dieses Prozesses wird in jedem Schritt die Länge des Intervalls, in dem sich die Nullstelle befindet, halbiert. Damit wird der Löwe immer mehr eingekreist. Je länger man rechnet, desto kürzer wird das Suchintervall und umso genauer lässt sich die Nullstelle bestimmen. Mit ein wenig Geduld lässt sich folglich jede gewünschte Genauigkeit erreichen.

Die beschriebene „Jagdmethode" soll nun am Beispiel der Abbildungen (a) bis (c) verdeutlicht werden.

In der Abbildung (a) gilt $f(x_M) > 0$, sodass die Nullstelle im Intervall $[x_L, x_M]$ liegt. Wir bezeichnen nun den Punkt x_M mit x_{R1} und berechnen den neuen Mittelpunkt x_{M1} sowie den zugehörigen Funktionswert $f(x_{M1})$, der im betrachteten Beispiel wiederum positiv ist, wie man in Abbildung (b) erkennt.

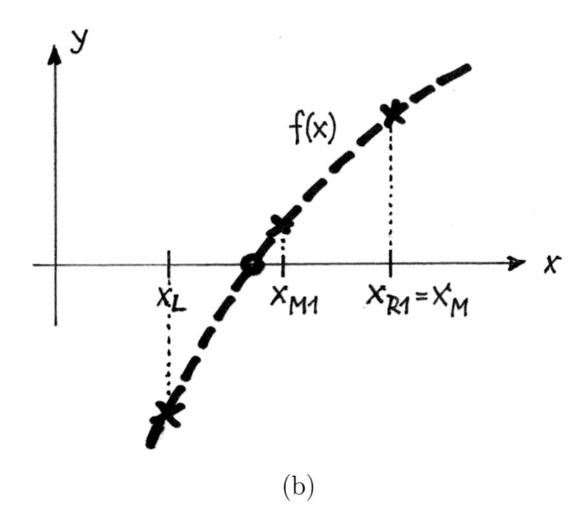

(b)

Bei der Wiederholung dieses Prozesses wird der Punkt x_{M1} nunmehr als x_{R2} bezecihnet. Danach wird im Intervall $[x_L, x_{R2}]$ weitergesucht (siehe Abbildung (c)). Der Funktionswert im neuen Mittelpunkt x_{M2} ist jetzt negativ, weshalb die nächste Suche in $[x_{M2} = x_{L1}, x_{R2}]$ erfolgt usw. usf.

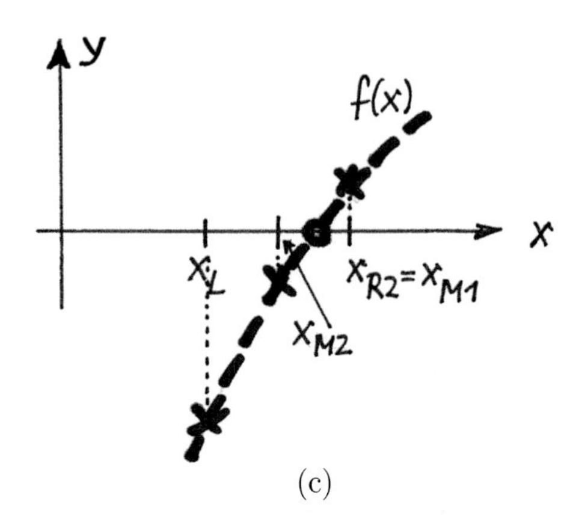

(c)

Das Suchintervall wird mit jedem Schritt kürzer, nämlich nur halb so lang wie das vorhergehende, und wenn es kurz genug ist, so hören wir auf. Dann können wir ausrufen: „Hurra, der Löwe ist gefangen!" Natürlich stellt die Mathematik zahlreiche „schlauere" und wesentlich schnellere Methoden der Nullstellensuche bereit.

„Und warum muss ich mir das alles antun?", wird der ungeduldige Leser spätestens jetzt fragen. Klar, wer einen programmierbaren Taschenrechner besitzt oder gut mit Excel umgehen kann, der muss tatsächlich nicht selbst rechnen. Andererseits, wer implementiert die entsprechenden Programme und schafft die algorithmischen Grundlagen dafür, wenn nicht ... die Mathematiker?

Frage: Wie lautet die im Intervall [1,2] gelegene Nullstelle der Funktion $f(x) = x^5 - 2x^2 + 7x - 25$?

9 Seltsames und Faszinierendes

WOMIT sich Wirtschaftsmathematiker in der Finanz- und Versicherungsmathematik befassen:

Kopfschaden Duration *diskontierte Tote*
Immunisierung Weißes Rauschen **Todesprozess**
Kontraktionszwang Grundkopfschaden
Zillmerung **im Geld** Versicherung auf den ersten Tod
rohe Sterbewahrscheinlichkeit
zusammengesetzte Ausscheideordnung
Versicherung à terme fix Überschadenhöhe
prospektive Alterungsrückstellung beobachtetes Kopfschadenprofil
Krankenversicherungsaufsichtsverordnung **Notlagentarif**
Kapitalwiedergewinnungsfaktor *Altersverschiebung*
Kuponswap *Plain-Vanilla-Anleihe* verbundene Leben
Agio Optionsprämie **aus dem Geld**
Dividendendiskontierungsmodell abgebrochene Rente
Versicherung auf den zweiten Tod *interner Zinsfuß*
Geburtsprozess Versicherung auf den letzten Tod

Urteilen Sie bitte selbst – klingt das nicht seltsam und faszinierend zugleich? Wird man da nicht neugierig?

10 Wie misst man Entfernungen?

Nicht der Abstand bestimmt die Entfernung.

Antoine de Saint-Exupéry

NEIN, hier geht es nicht darum, ob man ein Lineal, ein Bandmaß, einen Gliedermaßstab oder gar ein Laser-Distanzmessgerät zum Messen von Abständen verwendet, vielmehr geht es darum, zu beschreiben, was man eigentlich unter dem Begriff „Abstand“ oder „Distanz“ verstehen will.

„Nanu“, werden Sie, verehrter Leser, verwundert bemerken, „das ist doch so was von klar, das weiß doch jedes Kind!“

So klar ist es eben nicht, sonst würden sich die Wirtschaftsmathematiker nicht mit dieser Frage beschäftigen, denn in vielen mathematischen Fragestellungen spielt der Abstandsbegriff eine zentrale Rolle: kürzester Weg (S. 90), Standortproblem (S. 129), Briefträger oder Handlungsreisender (S. 109, 133). In Anwendungen ist es daher sehr wichtig, Entfernungen möglichst praxisnah zu messen, wobei wir in der Ebene bleiben wollen, also im Zweidimensionalen. Auf gekrümmten Flächen, etwa der Erdoberfläche, liegen die Verhältnisse wieder anders.

Der *euklidische Abstand* zweier Punkte P_1 und P_2 in der Ebene ist die Länge der direkten Verbindung („Luftlinie“) zwischen beiden. Er lässt sich mithilfe des Satzes von Pythagoras berechnen und liefert die folgende Formel ... Stopp! Nicht hier, wir wollen ja auf Formeln verzichten.

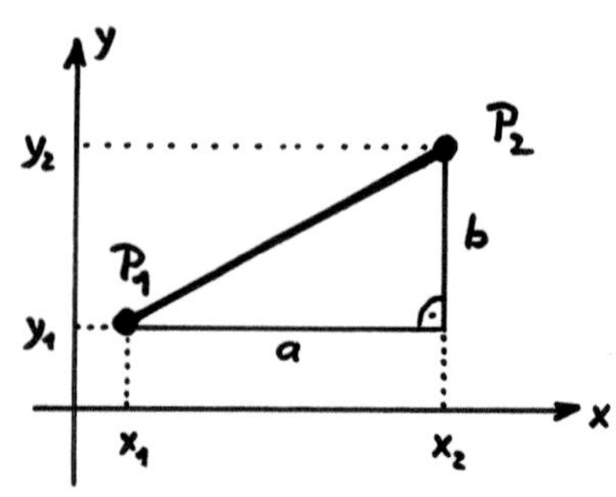

Sinnvollerweise findet der euklidische Abstand dann Anwendung, wenn er auch realisierbar ist, wenn es also beispielsweise um die Stationierung von Rettungshubschraubern geht, die in gerader Linie zu ihrem Einsatzort fliegen.

Geht es um Straßenverkehr, so ist die *Manhattan-Distanz* einerseits sehr einfach, andererseits oftmals besser geeignet. Hier wird die Entfernung zwischen zwei Punkten als Summe der Absolutbeträge der Differenzen der x- und y-Koordinaten definiert, das ist der waagerechte plus der senkrechte Abstand zwischen Start- und Zielpunkt. Der Name rührt von der (nahezu) orthogonalen Anordnung der Straßen (Avenues und Streets) in Manhattan her. Will man sich also zu Fuß oder per Taxi von einem Punkt A zu einem Punkt B bewegen, hat man abwechselnd „vertikale“ und „horizontale“ Richtungen einzuschlagen, wobei es völlig egal ist, welchen konkreten Weg man wählt – der Abstand zwischen A und B ist immer gleich.

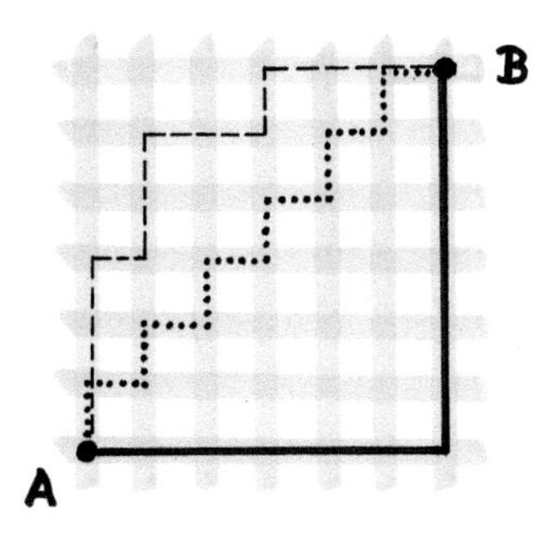

Übrigens findet man in der Mannheimer Innenstadt, in der Nähe des Barockschlosses und der Universität, eine vergleichbare Struktur der Straßen vor. Die entstehenden Häuserrechtecke bzw. Straßenabschnitte tragen dort Bezeichnungen wie A1, E3 oder Q2.

Der „Manhattan“-Abstandsbegriff ist nicht nur für rechtwinklig angelegte Straßen angepasst, er liefert auch bei „normalen“ Straßennetzen gute Resultate. Selbstverständlich wäre die beste Entfernungsmessung jene, bei der das reale Straßennetz zugrunde gelegt wird. Aber auch die reale Entfernung zwischen zwei Punkten ist nur ein Teil der Wahrheit, denn geht es nicht um die kürzeste, sondern um die schnellste Verbindung, so hat man auch die Verkehrsdichte, d. h. die durchschnittlich erzielbare Geschwindigkeit zu beachten. Innerorts kommt man oft deutlich langsamer voran als auf einer Bundesstraße, noch schneller geht es auf der Autobahn (meistens jedenfalls; Staus lassen sich in der Regel nicht voraussagen).

Diese Aspekte werden von im Internet verfügbaren Routenplanern meistens berücksichtigt. Allerdings sind die dabei zugrunde liegenden Daten bei Weitem nicht jedem Interessenten zugänglich in dem Sinne, dass sie in selbst programmierte Algorithmen eingefügt werden können. Natürlich kann man zwei Orte A und B „von Hand" in einen Routenplaner eingeben und sich die kürzeste Entfernung bzw. die geringste Fahrzeit berechnen lassen; aber um diesen Schritt in ein eigenes Programm einzubinden, müsste die Berechnung automatisiert erfolgen, und dazu benötigt man die entsprechenden, umfangreichen Datenbanken. Über diese Daten zu verfügen, wäre jedoch für den „Privatmann" sehr teuer bzw. erfordert einen extrem hohen Speicherplatz.

Schließlich wird „Entfernung" oft noch viel allgemeiner verstanden:

- Wie hoch sind die Kosten, um von A nach B zu kommen? Wie viel Maut muss man auf dem Weg von A nach B bezahlen?
- Wie viele Klicks sind notwendig, um von einer Webseite zu einer anderen zu gelangen?
- Welchen „Abstand" haben zwei Sprachen oder Dialekte voneinander? Ein Ansatz besteht in der Anwendung der *Levenshtein-Distanz* zur Messung des Abstands phonetischer Zeichenketten, ein anderer in der Entfernungsbestimmung von Platzierungen innerhalb von Sprach-Stammbäumen.
- Wie groß ist der „genetische Abstand" verschiedener Arten von Lebewesen? Diese Fragestellung aus der Genetik bzw. Bioinformatik führt auf den Vergleich von Sequenzen (sog. *Alignment*).

Frage: Wie lautet der euklidische und der Manhattan-Abstand der Punkte $P_1(x_1, y_1)$ und $P_2(x_2, y_2)$ in der Skizze auf S. 26?

11 Das große Gekrabbel

In Hamburg lebten zwei Ameisen,
Die wollten nach Australien reisen.
Bei Altona, auf der Chaussee
Da taten ihnen die Beine weh,
Und da verzichteten sie weise
Dann auf den letzten Teil der Reise.

Joachim Ringelnatz

„SCHAU mal, Mama", ruft die kleine Tochter aus der Küche. Sie strahlt und beobachtet aufmerksam die lange Reihe von Ameisen, die eilig und zielstrebig, eine hinter der anderen, schnurstracks von ihrem Nest im Vorgarten zu einem am Boden liegenden Stück Apfel laufen. „Die Ameisen laufen ja im Gänsemarsch, alle auf einer Straße." Das Töchterchen ist begeistert, die Mutter weniger. Sie schaut sich die Bescherung näher an. Tatsächlich, fast alle bewegen sich auf einem schmalen Pfad, hin und zurück, nur wenige krabbeln abseits. Und wie es scheint, ist es der kürzeste Weg zum Apfelstückchen, obwohl dieses versteckt liegt. „Wie machen die das nur?", denkt die Mutter.

In diesem Moment kommt der Vater nach Hause. Er ist Mathematiker und weiß auch gleich eine Antwort auf die diesbezügliche Frage seiner Frau.

„Ameisen sondern Duftstoffe, sogenannte Pheromone, ab, denen sie folgen. Sie laufen vermehrt dort, wo es am stärksten duftet, und logischerweise duftet es dort am stärksten, wo viele sind. Diejenigen Ameisen, die abseits laufen und noch nichts Essbares gefunden haben oder einen langen Umweg zum Futter und dann wieder heim ins Nest gewählt haben, hinterlassen nur geringe Duftnoten. Die Ameisen aber, welche fündig geworden sind, eilen nach Hause. Finden sie einen kurzen Weg, so sind sie schneller da und können schneller wieder starten. Ihnen folgen immer mehr andere Ameisen, da auf einem kurzen Weg der Duftpegel kontinuierlich ansteigt. Und so kommt es, dass sich mit der Zeit fast alle Ameisen auf dem kürzesten Weg befinden, um schnell zum Ziel zu gelangen. Es bildet sich eine 'Ameisenstraße' heraus."

Diese Eigenschaften der Ameisen machen sich die Mathematiker zunutze, indem sie das Verhalten auf dem Computer simulieren, das nennt man *Ameisenoptimierung*. Dazu werden viele „virtuelle Ameisen“, die alle gleich schnell laufen, auf die – endlich vielen – vorhandenen Wege geschickt. Nach bestimmten Zeitabständen wird geprüft, wie viele „Ameisen“ sich auf einem Weg befinden (Duftintensität), entsprechend viele werden ihnen folgen, bis sich eine Ameisenstraße herausgebildet hat. Oftmals ist das dann die kürzeste (oder die nahezu kürzeste) Verbindung zwischen zwei Punkten. Der „Ameisenalgorithmus“ gehört nämlich zur Klasse der *heuristischen* Algorithmen, die einfach und schnell realisierbar sind, aber nicht immer das Optimum finden. Andererseits sind mathematische Aufgaben oft so groß, dass man die beste Lösung erst nach unvorstellbar langer Zeit bzw. überhaupt nicht mit exakten Methoden finden würde, selbst mit den modernsten und größten Computern. Eine sehr gute Lösung, deren Zielfunktionswert nur unwesentlich vom Optimum abweicht, reicht jedoch in vielen Fällen aus.

Mit solchen Algorithmen kann man Fragestellungen wie die des kürzesten Weges (S. 90), des Handlungsreisenden (S. 133) die Optimierung betrieblicher Abläufe, quadratische Zuordnungsprobleme usw. relativ einfach lösen, zumindest näherungsweise.

12 Eckige Kreise

Der Kreis ist eine geometrische Figur, bei der an allen Ecken und Kanten gespart wurde.

Unbekannter Autor

„HABE ich richtig gelesen?", wird sich der Leser fragen. „Kreise sind doch rund! Wenn auch nicht sehr viele Dinge aus dem Mathematikunterricht hängengeblieben sind, aber das weiß ich nun bestimmt, dass Kreise rund sind."

Sorry, aber Mathematiker sind schon eine eigene Spezies – sie nennen auch die beiden nachstehenden Gebilde „Kreise":

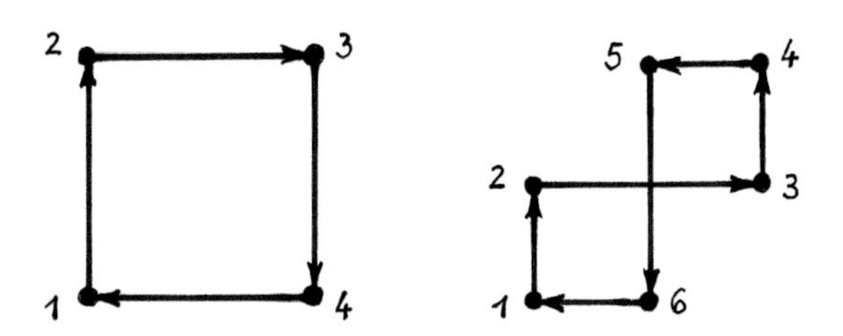

Das sind zwei Beispiele sogenannter *Graphen*, Objekte der *Graphentheorie*, die aus *Knoten* (Eckpunkte) und *Kanten* oder *Pfeilen* bestehen. Dabei werden die Pfeile in der Reihenfolge 1, 2, 3, 4, 1 (links) bzw. 1, 2, ..., 6, 1 (rechts) durchlaufen.

Als anschauliches, praktisches Beispiel kann man sich das Straßennetz einer Stadt vorstellen – die Kreuzungen würden dann den Knoten entsprechen, die Straßen den Kanten und die Einbahnstraßen den Pfeilen. Auch ein Stammbaum lässt sich als Graph interpretieren. Graphen spielen eine wichtige Rolle bei der Visualisierung von Strukturen, wie z. B. der Abfolge von Teilprozessen innerhalb eines großen, komplexen Projekts, während die verschiedensten Methoden der Graphentheorie der Lösung zahlreicher angewandter Probleme dienen, wie z. B. die Stundenplangestaltung, das Briefträgerproblem (S. 109) oder das Rundreiseproblem (S. 133).

„Und was hat das mit Kreisen zu tun?", wird der Leser zurecht fragen. Ach richtig, wir wollten ja über Kreise sprechen. Ja, Mathematiker sind schon seltsame Leute – oder doch nicht?

Natürlich ist auch für einen Mathematiker ein Kreis rund. Für ihn ist aber noch eine weitere Eigenschaft wichtig: Markiert man auf einem Kreis irgendeinen Punkt und startet dort seine „Wanderung" entlang des Kreises, so kommt man nach gewisser Zeit wieder an denselben Punkt zurück – man hat einen geschlossenen Weg zurückgelegt. Und eben diese Eigenschaft ist in der Graphentheorie oftmals von großer Bedeutung, sodass man Gebilde, die diese Eigenschaft besitzen, *Kreise* nennt, auch wenn das Gebilde eckig ist oder sich sogar überschneidet, wie in den obigen Abbildungen. Solcherart Kreise spielen in zahlreichen wirtschaftsmathematischen Anwendungen im Rahmen von Algorithmen der Graphentheorie eine große Rolle.

Es gibt aber noch eine weitere Sorte „nicht runder Kreise". Auf S. 26 wurde über die Messung des Abstandes von einem Punkt gesprochen, die auf verschiedene Weise erfolgen kann. Nimmt man als Abstandsmaß die sog. euklidische Metrik, also die „Luftlinie", so ergibt sich als geometrischer Ort aller Punkte, die von einem festen Punkt (z. B. vom Nullpunkt) den Abstand eins haben, der klassische Kreis. Wegen der Größe des Radius spricht man auch vom *Einheitskreis.*

Wählt man jedoch als Distanzmaß die Manhattan-Metrik (der Leser erinnert sich – der Abstand zweier Punkte wird gemessen, indem man von einem Punkt zum anderen abwechselnd Avenues und Streets entlang läuft bzw. – etwas mathematischer – die Absolutbeträge der Differenzen der x- und der y-Koordinaten addiert), so ergibt sich als Einheitskreis ein Gebilde, das dem klassischen Kreis überhaupt nicht ähnlich ist, sondern ein auf die Spitze gestelltes Quadrat repräsentiert.

Fragen: a) Warum ergibt sich als Einheitskreis bei der Manhattan-Metrik ein auf der Spitze stehendes Quadrat?

b) Wie sieht der Einheitskreis aus, wenn man als Abstand eines Punktes (x, y) vom Nullpunkt das Maximum der Beträge der Koordinaten, also die größere der beiden Zahlen $|x|$ und $|y|$ nimmt?

13 Dreimal abgeschnitten – immer noch zu kurz!

Miss sieben Mal, ehe du ein Mal abschneidest.
Russisches Sprichwort

Tim will sein Zimmer neu tapezieren. Die Decke soll einfach überstrichen werden, aber für die Wände hat er sich eine schicke,teure Tapete ausgesucht. Natürlich will er so wenig wie möglich Geld ausgeben, weshalb er im Vorfeld tiefgründige Überlegungen anstellt.

Waagerechte Ansätze von Tapetenstücken kommen aus Schönheitsgründen auf keinen Fall in Frage, daher können eventuell anfallende Reste nicht verwertet werden. Auf einen Versatz muss Tim keine Rücksicht nehmen, da die von ihm gewählte Tapete ein einfaches Muster aufweist. Längenzuschläge für oben und unten sind in den folgenden Längenangaben bereits berücksichtigt – Tim hat sich im Internet bei „Profi-Tipps für den Heimwerker“ schlau gemacht

Zunächst will Tim abschätzen, wie viele Rollen er höchstens bzw. mindestens benötigt. Sein Zimmer ist maximal 2,60 m hoch, an manchen Stellen – bedingt durch eine Dachschräge und Einbaumöbel – sind die zu tapezierenden Wände kürzer. Der Umfang des Zimmers beträgt 20 m. Tim weiß, dass eine Tapetenrolle 53 cm breit und 10,05 m lang ist. Um eine Abschätzung nach oben zu erhalten, nimmt er an, dass er überall 2,60 m lange Stücke kleben muss, außerdem rechnet er mit einer Breite von 50 cm. Da er aus einer Rolle nur drei Tapetenbahnen schneiden kann und 40 Stücke benötigt, muss er also 14 Tapetenrollen kaufen.

Andererseits misst er akribisch, wie groß die zu beklebende Fläche ist; er kommt auf $37{,}05\,\mathrm{m}^2$. Da eine Tapetenrolle ca. $5{,}3\,\mathrm{m}^2$ misst, kommt er auf sieben Rollen, das wäre die Hälfte. Die tatsächlich benötigte Anzahl muss also irgendwo dazwischen liegen.

Beim genauen Messen hat Tim herausgefunden, dass er (mindestens) die folgenden Stückzahlen an Tapetenzuschnitten benötigt:

	benötigte Anzahl
Sorte 1 (2,60 m)	14
Sorte 2 (1,60 m)	20
Sorte 3 (0,95 m)	6

Nun stellt er alle realisierbaren Zuschnittvarianten durch systematisches Überlegen mithilfe der *lexikografischen Ordnung*[2] auf. Diese Methode bedeutet: Betrachte zunächst das längste Stück und schneide es so häufig wie möglich zu. Verbleibt ein Rest, so schneide das zweitlängste Stück in maximaler Anzahl zu, danach ggf. das dritte. Verringere in der nächsten Variante die Anzahl des längsten Stücks um eins und fahre wie oben beschrieben fort. Ist eine Variante offensichtlich schlechter als eine andere, so wird diese weggelassen.[3] Er erhält die folgende Tabelle mit den Varianten V1, V2, ... (Maßeinheit: Stück für Sorten 1, 2, 3; Zentimeter für den Rest):

	V1	V2	V3	V4	V5	V6	...
Sorte 1	3	3	2	2	2	2	...
Sorte 2	1	0	3	2	1	0	...
Sorte 3	0	2	0	1	3	5	...
Rest	65	35	5	70	40	10	...

[2] Sucht man ein Wort im Lexikon bzw. Duden, so hat man zunächst nach dem ersten Buchstaben zu schauen, dann nach dem zweiten usw., daher der Name. Ein anschauliches Beispiel ist die Rangfolge im olympischen Medaillenspiegel, bei der als erstes die Anzahl der Goldmedaillen von Bedeutung ist, bei Gleichstand zwischen zwei Ländern dann die Anzahl der Silbermedaillen und – falls auch diese gleich ist – die Zahl der Bronzemedaillen.

[3] Die Variante (3, 0, 0) ist offensichtlich schlechter als die Variante (3, 1, 0) und taucht deshalb in der Tabelle der Zuschnittvarianten nicht auf.

Damit sind wir auch schon mittendrin in der *Zuschnittoptimierung* (engl. *cutting stock problem*), und zwar im ersten Punkt, der *Variantenerstellung*. Bei einer sehr kleinen Zahl an zuzuschneidenden Sorten kann man – wie in obigem Beispiel – alle denkbaren Varianten von Hand aufschreiben. Die Punkte deuten dabei an, dass es noch weitere Varianten gibt. Bei größeren Aufgaben mit mehreren Tausend Varianten funktioniert das nicht mehr, man muss den Computer zu Hilfe nehmen. Oftmals wäre es aber zu aufwendig, sofort alle Varianten zu erstellen, stattdessen erzeugt man diese sukzessive, wobei nur solche genommen werden, die eine Verbesserung des Ergebnisses versprechen, sodass weniger Rollen benötigt werden. Diesen Zugang nennt man *Spaltengenerierung*, weil in der Tabelle von Zuschnittvarianten neue Spalten hinzugefügt werden. Mathematisch führt das übrigens auf die Lösung von Rucksackproblemen (S. 104).

Die beschriebene Aufgabe des Tapetenzuschnitts ist ein *eindimensionales* Zuschnittproblem, denn die Breite einer Rolle ist fix, und nur die Länge der zugeschnittenen Stücke kann beeinflusst werden, was sich in der Auswahl der Sorten widerspiegelt. Solche Fragestellungen gibt es beispielsweise in der Bauindustrie, wenn Bewehrungsstahlstäbe für Stahlbeton aus Standardlängen geschnitten werden, oder beim Schneiden von Rohrstücken aus Standardrohren.

Als Beispiel eines *zweidimensionalen* Zuschnittproblems soll der Zuschnitt von (kleinen) Rechtecken aus (großen) Rechtecken genannt werden. Hierbei treten Besonderheiten auf, die der angewendeten Technologie geschuldet sind. Arbeitet man beispielsweise beim Zerteilen von Blechen mit einer Schlagschere, kann man nur *Guillotine-Schnitte* – huch!, welch schreckliches Wort! – ausführen. Diese Technologie erlaubt jedoch nicht, dass alle mathematisch denkbaren Zuschnittvarianten technologisch auch realisierbar sind. Wird hingegen mithilfe eines Wasser- oder Laserstrahls geschnitten, so gibt es keinerlei Einschränkungen hinsichtlich der Varianten, ggf. muss die Schnittbreite berücksichtigt werden. Situationen dieser Art treten beispielsweise in der Möbel-, Glas- oder Textilindustrie sowie bei der Schuhherstellung auf, in den letzteren beiden mit vielerlei speziellen Anforderungen (Gradierung = unterschiedliche Konfektionsgrößen, Beachtung von Mustern, der Längs- bzw. Querrichtung usw.).

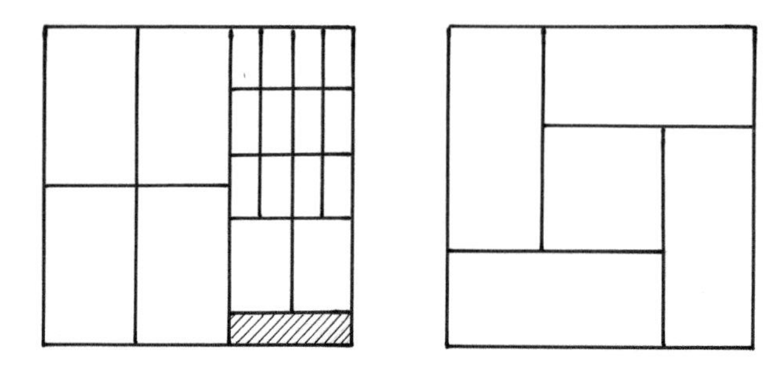

Zuschnitt mit (li.) und ohne (re.) Guillotine-Schnitten

Die *dreidimensionalen* Aufgabenstellungen werden in der Regel als *Packungsprobleme* bezeichnet. Dazu gehören das Packen von Kisten in Container oder von Kartons in Kisten, aber auch das Ausschneiden von Formteilen aus Rohmaterialblöcken. Als Besonderheiten kann es z. B. darum gehen, keine schweren Pakete auf leichte zu stellen oder die Stabilität von Ladegut in Eisenbahnwaggons oder auf Lkws zu gewährleisten.

So, nun wollen wir aber zu Tim und seinen Tapetenrollen zurückkehren. Er hat zwar alle Zuschnittvarianten aufgeschrieben (in der obigen Tabelle stehen nur die ersten sechs), trotzdem weiß er noch nicht, wie oft er die Tapetenrollen nach welcher Variante zuschneiden soll. Er sitzt und grübelt. Wenn er nur Variante V1 oder V3 oder beide anwenden würde, käme die Sorte 3 niemals vor. Also muss er unbedingt eine Variante berücksichtigen, wo die Sorte 3 auftaucht. Nach aufmerksamem Betrachten aller Zahlen entscheidet er sich für V3 und V6. Da von Sorte 2 mindestens[4] 20 Stück benötigt werden, muss Variante V3 mindestens 7-mal angewendet werden, während mindestens zwei Tapetenrollen (wegen der Sorte 3) nach Variante V6 zuzuschneiden sind. Das ergibt insgesamt neun zu kaufende Tapetenrollen – ein gutes Ergebnis! Tim hatte also ein glückliches Händchen, denn sieben Rollen **muss er mindestens zuschneiden**,

[4]Es erweist sich, dass das Ziel, den Bedarf **exakt** zu erfüllen, in der Regel zu schlechteren Resultaten führt als die Forderung, **mindestens** die Bedarfszahlen zu realisieren; dann bleiben ggf. einige überzählige Stücke übrig.

und seine – zwar eher geratene – zulässige Lösung erfordert nur zwei Rollen mehr. Ob diese, durch „scharfes Hinschauen“ ermittelte, zulässige Lösung sogar optimal ist oder ob vielleicht auch 7 oder 8 Tapetenrollen reichen, kann man an dieser Stelle noch nicht sagen.

Aber ist das, was Tim angewandt hat, eine exakte mathematische Lösungsmethode? Natürlich nicht! Dazu müsste man zunächst eine Aufgabe der ganzzahligen linearen Optimierung formulieren, die zum Ziel hat, die Anzahl an zuzuschneidenden Tapetenrollen zu minimieren bei gleichzeitiger Sicherung des Bedarfs (sowie der Nichtnegativität und Ganzzahligkeit der Variablen). Entsprechend dem Anliegen dieses Büchleins wird darauf verzichtet, diese Aufgabe genau auszuformulieren bzw. Lösungsverfahren zu beschreiben. Die entstehenden Aufgaben sind mathematisch sehr anspruchsvoll und im Allgemeinen so groß, dass sie selbst mit modernsten Computern nicht in einer angemessenen Rechenzeit exakt gelöst werden können, weshalb sie meist mithilfe von heuristischen Verfahren bearbeitet werden.

Natürlich gibt es zahlreiche ausgearbeitete Algorithmen und Programme, jedoch weist in der Regel jede konkrete Themenstellung spezielle Besonderheiten, wie etwa Anforderungen an die Lagerhaltung für überschüssig zugeschnittene Teile, auf. Interessant ist auch das moderne Gebiet der Online-Optimierung (S. 40), wo die Bedarfsanforderungen sich innerhalb kurzer Zeiträume verändern.

Zum Schluss noch eine interessante Aussage aus der linearen Optimierung: In einer optimalen Lösung von Tims „Tapetenproblem“ muss man die Rollen nach höchstens drei verschiedenen Varianten zuschneiden. Dies hängt damit zusammen, dass es drei Nebenbedingungen gibt (die zu den Sorten 1, 2 bzw. 3 gehören).

Frage: Wie viele und welche weiteren Zuschnittvarianten gibt es?

Literatur:

Scheithauer G.: Zuschnitt- und Packungsoptimierung – Problemstellungen, Modellierungstechniken, Lösungsmethoden. Vieweg + Teubner, Wiesbaden 2008

14 O. B. d. A.

Ärgerlich ist es, wenn in einem Text oder Vortrag Abkürzungen vorkommen, die zwar der Autor, nicht aber der Leser versteht. Spezialisten ist oftmals die Unsitte eigen, davon auszugehen, dass jedermann mit ihren Abkürzungen vertraut ist. Etwas anderes ist es natürlich, wenn es sich um allgemein bekannte Abkürzungen handelt, die im Duden aufgeführt sind, oder wenn sich der Autor an ein Fachpublikum wendet, wo klar ist, dass jeder die Abkürzung versteht. **O. B. d. A.** ist zum Beispiel solch eine Abkürzung, wenn es um Mathematik geht. Sie bedeutet: **Ohne Beschränkung der Allgemeinheit** (engl. *without loss of generality*). Dieser Zugang hilft, Darstellungen abzukürzen oder Beweise zu vereinfachen.

Aber wann kann man tatsächlich Veränderungen eines Sachverhalts vornehmen, ohne dessen Wesen, ohne dessen Allgemeingültigkeit einzuschränken?

Einige Beispiele sollen das verdeutlichen:

- Wird ein Intervall endlicher Länge betrachtet, das nach einer bestimmten Vorschrift unterteilt werden soll, so kann man **o. B. d. A.** annehmen, dass dieses Intervall die Länge eins besitzt. Hat nämlich das Ausgangsintervall eine andere Länge, etwa L, so teilt man einfach durch die Länge L, man „normiert“. Nach Anwendung des Algorithmus wird dann wieder mit L multipliziert. Selbstverständlich funktioniert dieser Zugang nicht, wenn das Ausgangsintervall unendlich groß ist, beispielsweise das Intervall $[3, +\infty)$ (durch ∞ kann man nicht teilen).

- Geht es in irgendwelchen Überlegungen oder Herleitungen um eine Zahl K, die nicht null sein darf, ansonsten aber beliebig sein kann, so wird meist **o. B. d. A.** angenommen, dass $K = 1$ gilt. Mit diesem „Trick“ lassen sich viele Überlegungen und Herleitungen wesentlich vereinfachen. Natürlich wäre diese Annahme unzulässig, wenn die in Frage stehende Zahl gleich null wäre. In gewissen Situationen weiß man zunächst nicht, ob $K = 0$ oder $K \neq 0$ gilt; dann behilft man sich mit einer *Fallunterscheidung*, das heißt, man nimmt als erstes $K = 0$

an und untersucht die daraus resultierenden Konsequenzen. Danach wird der Fall $K \neq 0$ (**o. B. d. A.** gelte dabei $K = 1$) detailliert betrachtet.

- Betrachtet man in der Finanzmathematik den Anfangszeitpunkt einer finanziellen Vereinbarung, wie z. B. die Aufnahme eines Kredits, so wird dieser Anfangszeitpunkt oft **o. B. d. A.** als $t = 0$ festgelegt.

Aber Vorsicht! Manche Nichtmathematiker (und einige wenige Mathematiker) neigen dazu, zu behaupten, „o. B. d. A." gelte dies und jenes, und schränken dann doch die Allgemeingültigkeit ein, indem sie lediglich ein konkretes Beispiel betrachten, für das eine bestimmte Aussage richtig ist, das sich aber nicht zwangsläufig verallgemeinern lässt. In diesen Fällen muss man scherzhafterweise „o. B. d. A." wohl besser als „ohne Bedenken des Autors" verstehen. Ähnlich vorsichtig und kritisch sollte man auch bei Formulierungen der Art „Wie man leicht sieht" oder „Wie man sich leicht überlegen kann" sein.

Übrigens, so gut ein typisches Beispiel auch ist, um etwas zu demonstrieren, so muss man sich doch stets vor Augen halten, dass sich mit einem Beispiel niemals eine *Allaussage* beweisen lässt. Aus der Tatsache, dass man im Ungarn-Urlaub einen pfeiferauchenden Schäfer getroffen hat, kann man nicht einfach schlussfolgern, dass alle Ungarn Schäfer sind und Pfeife rauchen. Viele Leute neigen leider zu solchen Verallgemeinerungen. Ehrlich gesagt: Tun wir das nicht alle in bestimmtem Maße?

Da sollte man sich doch lieber vorsichtig, aber korrekt verhalten. So wie der Mathematiker, der mit einem Freund durch Schottland reist. Unterwegs sehen sie ein schwarzes Schaf. Nach dem Urlaub berichtet der Freund zu Hause: „Alle Schafe in Schottland sind schwarz." Der Mathematiker jedoch meint: „Es gibt in Schottland mindestens ein Schaf, welches auf mindestens einer Seite schwarz ist."

15 Gelbe Engel fliegen schnell

Gott sei Dank! Dieser Stoßseufzer kommt so manchem Autofahrer über die Lippen, wenn endlich der Gelbe Engel auftaucht und ihn aus seiner misslichen Lage einer Autopanne befreit.

Wie kommt es, dass die Helfer vom ADAC oder eines anderen Pannendienstes meist relativ schnell da sind? Früher mussten Dispatcher umgehend diese und weitere Fragen beantworten: „Welches der verfügbaren Pannenhilfe-Fahrzeuge soll zu welchem Hilfesuchenden gesendet werden? In welcher Reihenfolge sollen die Aufträge abgearbeitet werden? Soll evtl. ein Partnerunternehmen beauftragt werden?“ Und das möglichst schnell! Da blieben auch Fehlentscheidungen nicht aus, trotz langjähriger Berufserfahrung. Hinzu kommt, dass sich im Prinzip in jedem Moment die Gesamtsituation ändern kann, wenn ein oder mehrere Hilferufe neu eintreffen. Heutzutage werden Entscheidungen automatisch mithilfe mathematischer Optimierungsalgorithmen getroffen oder zumindest unterstützt.

Die beschriebene Situation stellt ein typisches Szenario der *Online-Optimierung* dar. Letztere stellt ein modernes, interessantes und sich stark entwickelndes Teilgebiet der Wirtschaftsmathematik dar. Von Online-Optimierung spricht man, wenn zwar die Struktur der Aufgabe von Anfang an bekannt ist und ein Modell zur Lösung derselben ausgearbeitet wurde, die konkreten Daten aber erst im Laufe der Zeit eingehen.

Für die Online-Optimierung sind zwei Dinge charakteristisch. Zum einen ist die Zukunft nicht vorhersehbar, sodass jeweils nur vom augenblicklichen Ist-Zustand ausgegangen werden kann („Schnappschuss"). Jetzt wäre eine Optimierungsaufgabe zu lösen, das sog. *Schnappschussproblem.* Diese Aufgabe ist aber oftmals großdimensional, sodass das Finden der optimalen Lösung relativ lange Zeit in Anspruch nimmt.

An dieser Stelle kommt das zweite Charakteristikum der Online-Optimierung zum Tragen. Die Lösung muss in Echtzeit bereitgestellt werden, d. h. innerhalb weniger Sekunden oder gar in Bruchteilen von Sekunden.

Da es meist nicht möglich ist, so schnell die optimale Lösung zu finden, begnügt man sich meist damit, eine suboptimale – d. h. eine sehr gute, aber nicht unbedingt die beste – Lösung zu finden, die mithilfe eines heuristischen Verfahrens ermittelt wird. Diese Lösung wird nun in die Praxis umgesetzt und zwar in Form eines konkreten Einsatzplans. Wenn ein neuer Hilferuf eintrifft oder wenn eines der Einsatzfahrzeuge seinen aktuellen Auftrag erfüllt hat, wird als Resultat der Lösung eines neuen Schnappschussproblems ein aktualisierter Einsatzplan aufgestellt (vgl. Rambau/Schwarz).

Wo treten Fragestellungen dieser Art außerdem auf?

In Krumke/Rambau werden unter anderem diese Anwendungen beschrieben:

- Ein oder mehrere Personen- oder Lastenaufzüge sollen Personen bzw. Paletten zwischen den Stockwerken „in bestmöglicher" Weise befördern. Was heißt eigentlich „bestmöglich"? Zukünftige Beförderungsaufträge sind unbekannt.
- Jemand möchte evtl. eine Bahncard 25 oder Bahncard 50 kaufen, die ein Jahr lang gültig bleibt. Er weiß aber noch nicht, wie oft er mit der Bahn fahren wird. Soll er sich – und wenn ja, wann – eine Bahncard kaufen?
- In einem Computer gibt es ein Speichersystem mit zwei Ebenen: einen Schnellspeicher (Cache) mit wenig Speicherplatz und einen langsamen Speicher mit viel Speicherplatz. Kommen

Anfragen für neue Seiten, so muss entschieden werden, wo diese abgespeichert werden, ggf. muss im Cache Platz gemacht werden, wobei „Kosten“ entstehen, d. h. Rechenzeit verbraucht wird. Die Schwierigkeit besteht darin, dass künftige Seitenanfragen nicht bekannt sind und die Entscheidung „blitzschnell“ getroffen werden muss.

Weitere Anwendungen sind:

- Entscheidungen in der Landwirtschaft, die praktisch immer unter Unsicherheit getroffen werden müssen, weil gewisse Daten wie klimatische Bedingungen, das Auftreten von Schädlingen oder die Marktpreise im kommenden Jahr erst in der Zukunft bekannt sein werden.
- Zuschnittoptimierung (S. 33): Hier kann es beispielsweise passieren, dass innerhalb kurzer Zeitabstände neue Anforderungen an zuzuschneidende Teile gestellt werden.
- Dial-a-Ride-Problem: Dieses befasst sich mit der effizienten und kundenfreundlichen Organisation von Fahrdiensten, wie z. B. Anrufsammeltaxis, medizinische Pflege- und Transportdienste usw.
- Mieten oder kaufen? Jemand möchte Saxofon spielen lernen. Ein neues Instrument ist sehr teuer, ein Mietinstrument kostet ebenfalls eine nicht zu vernachlässigende Summe pro Monat. Der Musikinteressierte ist sich zunächst noch nicht sicher, ob er wirklich durchhalten wird. Wann soll er sich gegebenenfalls für den Kauf eines Saxofons entscheiden?

Literatur:

Krumke S. O., Rambau J.: Online Optimierung. Skript. TU Berlin, 2005

Rambau J., Schwarz C.: Zwei auf einen Streich: Optimierte dynamische Einsatzplanung für Gelbe Engel und Lastenaufzüge. In: Die Kunst des Modellierens (Luderer B., Hrsg.), Vieweg + Teubner, Wiesbaden 2008, S. 377–398

16 Kupons und Kurse

Nicht nur Wohltun trägt Zinsen,
auch Zinsen tun wohl.
Unbekannter Autor

ANNA hat eine Prämie erhalten und möchte das Geld gewinnbringend investieren. Sie fragt ihre Großmutter um Rat. „Oma, du hast doch große Erfahrungen mit der Börse und verschiedenen Finanzprodukten. Kannst du mir helfen?"

Großmutter fühlt sich geschmeichelt. „Viel Geld besitze ich zwar nicht, aber mit Wertpapieren kenne ich mich recht gut aus, vor allem mit den festverzinslichen. Worum geht es denn, mein Kind?"

„Ich habe daran gedacht, mein Geld für einige Zeit anzulegen, und die Bankberaterin hat mir etwas von Unternehmensanleihen und Kupons und Kursen und vielem mehr erzählt. Das ging aber alles so schnell, dass ich nicht viel verstanden habe. Außerdem sind doch im Moment die Zinsen fast null."

„Eine Anleihe ist ein Wertpapier mit einer festen Laufzeit, zum Beispiel zehn Jahre, und einem festen Zinssatz, der während dieser Zeit garantiert gezahlt wird. Dieser wird auch *Kupon* genannt", erklärt die Großmutter. „Kupons, auch Coupons geschrieben, kennst du doch als Gutschein. Früher, als ein Wertpapier noch ein richtiges Wert-Papier war, so wie ein Geldschein, etwas, das du in Händen halten konntest, da hieß dieses *Mantel*. Dazu gab es den *Bogen*, der aus lauter Kupons bestand. Die hat man jedes Jahr oder aller halben Jahre abgeschnitten und ist damit zur Bank gegangen, um sich seine Zinsen abzuholen. Heute ist alles nur noch virtuell im Computer gespeichert und die Zinsen werden einfach überwiesen. Bundesanleihen sind die sichersten Papiere, aber da gibt es kaum noch Zinsen. Deshalb hat dir die Bankberaterin zu Unternehmensanleihen geraten, die höhere Zinsen abwerfen. Aber Vorsicht, dann sind auch die Risiken höher, denn Unternehmen können durchaus insolvent werden."

„Oma, du hast gesagt, wir kaufen beispielsweise eine Anleihe, die zehn Jahre läuft. Wenn ich aber meine 3000 Euro nur sechs Jahre lang anlegen will? Was dann?"

„Da gibt es mindestens zwei Möglichkeiten. Entweder du kaufst eine Anleihe mit einer Restlaufzeit von sechs Jahren. Dann musst du jedoch deren Kurswert P bezahlen, der vom Nominalwert $N = 3000$ nach oben oder unten abweichen kann. Oder du kaufst eine kürzlich emittierte, d. h. ausgegebene, länger laufende Anleihe und verkaufst diese nach sechs Jahren. Dann hast du allerdings ein Kursrisiko."

„Bitte zum Mitschreiben, Oma, mir schwirrt der Kopf: *Kurs*, *Kurswert*, *Kursrisiko*? Können wir einmal ein Beispiel betrachten?"

„Natürlich, Anna. Stell dir vor, du willst eine Anleihe mit sechs Jahren Restlaufzeit im Nominalwert von 3000 Euro kaufen, die einen Kupon von 5 % aufweist."

„Genau das will ich", freut sich Anna. „Dann muss ich also jetzt 3000 Euro bezahlen, erhalte jedes Jahr 5 % davon, das sind 60 Euro, und nach sechs Jahren bekomme ich neben den Zinsen auch noch meine 3000 Euro zurück. Richtig?"

„Falsch", kontert die Großmutter. „Das mit den jährlichen Zinsen und der Schlussrückzahlung stimmt zwar. Aber wie viel du jetzt zahlen musst, hängt davon ab, wie hoch der aktuelle Marktzinssatz für derartige Anleihen ist. Pass auf, ich zeichne dir hier den *Zahlungsstrom*, auch *Cashflow* genannt, für eine Anleihe mit n Jahren Laufzeit, einem Nominalwert von $N = 100$ (damit kann man am einfachsten rechnen) und dem in Prozent angegebenen Zinssatz p auf:

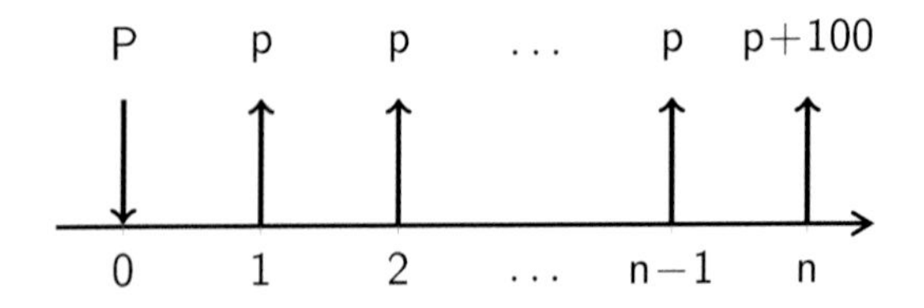

Du kannst dir zum Beispiel $n = 6$, das ist die Restlaufzeit, und $p = 5$ vorstellen. Dann lässt sich der *Kurs P* nach einer bestimmten Formel berechnen, die ich dir aber ersparen will. Der Marktzinssatz ist im Moment sehr niedrig, wesentlich niedriger als der Kupon", fährt die Großmutter fort, „sodass du für die Anleihe höhere Zinsen erhältst als am Markt üblich. Daher liegt der Kurs deutlich über 100. Und nun multiplizierst du noch den Kurs P mit 30, denn du willst ja 3000 Euro anlegen. Dieser Betrag nennt sich *Kurswert*.

„Danke, Oma. Jetzt habe ich alles verstanden." Dann überlegt Anna. „Was ist aber, wenn ich – neben der Laufzeit n und dem Kupon p – den Kurs P kenne und gerne wissen möchte, welche Rendite die Anleihe abwirft? Kann ich das auch so einfach berechnen?"

„Leider nicht, mein Kind. Da musst du erst lernen, einen Löwen zu fangen", schmunzelt die Großmutter. „Die Formel, deren genaue Form ich dir verschwiegen habe, lässt sich im Allgemeinen nicht nach der Rendite auflösen, du kannst sie nur mithilfe numerischer Lösungsverfahren berechnen. Lies einfach die Geschichte auf S. 20."

„Und was bedeutet nun *Kursrisiko*?", hakt Anna nach.

„Das verhält sich so. Wenn du zum Beispiel eine Anleihe mit zehn Jahren Laufzeit erworben hast, diese aber nach sechs Jahren verkaufen willst, so hängt der Verkaufspreis von dem dann geltenden Marktzinssatz ab. Von 'Kursrisiko' spricht man deshalb, weil bei einem hohen Marktzinssatz der Kurswert niedrig ausfällt. Ein niedriger Marktzinssatz zum Zeitpunkt des Verkaufs wäre dagegen gut."

Die Finanzmathematik ist ein wichtiges Teilgebiet der Wirtschaftsmathematik, sie bildet gleichzeitig die Grundlage für die Versicherungsmathematik. Gute Kenntnisse in diesen Disziplinen sind für Wirtschaftsmathematiker unabdingbar, denn viele Absolventen dieses Studiengangs arbeiten gerade in diesen Bereichen.

17 Das Hotel auf dem Mars

„Haben Sie, lieber Leser, schon einmal unter südländischer Sonne in einem Infinity-Pool gestanden und auf das blaue Wasser, vermeintlich bis zum Horizont, bis ins Unendliche reichend, geblickt? Und dabei darüber sinniert, was es denn eigentlich mit dem Unendlichen auf sich hat? Ersteres vielleicht schon, letzteres eher nicht. Dabei besitzt das Unendliche – was auch immer sich hinter diesem Begriff verbirgt – eine große Faszination. Kann es wirklich sein, dass nirgends Schluss ist, dass es immer weiter geht, dass hinter dem vermeintlich „Letzten" noch ein „Danach" kommt?

Die philosophische Seite des Unendlichen soll uns hier nicht interessieren, die mathematische schon, taucht doch in so manchem Kontext (nicht nur in theoretischen Fragestellungen) das ∞-Zeichen auf, vor allem im Zusammenhang mit Grenzwerten, sei es bei Zahlenfolgen oder Funktionen, sei es bei der stetigen Verzinsung oder bei Dividenden-Diskontierungsmodellen.

Um ein bisschen Licht ins Dunkel zu bringen und das Wesen des Unendlichen zu verdeutlichen, erzähle ich meinen Studenten mitunter die – jedem Mathematiker gut bekannte – Geschichte vom „Hotel auf dem Mars".

„Wirklich", werden Sie fragen, „gibt es denn auf dem Mars ein Hotel? Dort wohnt doch niemand."

Aber ja, gewiss gibt es ein Hotel auf dem Mars, David Hilbert hat in einem Gedankenexperiment ein solches Hotel „eröffnet", und es hat unendlich viele Zimmer, die – wie üblich – mit 1, 2, 3, ... durchnummeriert sind. Mehr noch, jedes dieser Zimmer ist besetzt, wobei der Einfachheit halber angenommen werden soll, dass alles Einzelzimmer sind und in jedem davon genau eine Person einquartiert ist.

Ein Reisender kommt von der Erde und begehrt Einlass.[5] Kann ihm der Rezeptionist helfen und ihn in einem Zimmer unterbringen?

„Das ist nicht möglich", werden Sie vielleicht sagen, „denn alle Zimmer sind ja besetzt." Das ist zwar richtig, dennoch ist es möglich, den Reisenden unterzubringen. Wo? Im ersten Zimmer.

„Aber dort wohnt ja schon ein Gast!", werden Sie einwenden. Richtig. Der Gast aus Zimmer 1 wird in Zimmer 2 umgesiedelt.

„Aber dort wohnt ja schon ein Gast!", entgegnen Sie wieder. Richtig. Dieser zieht in Zimmer 3, der aus Raum 3 zieht nach Raum 4 und so weiter und so fort. Weil das Hotel unendlich viele Zimmer hat, stoppt dieser Prozess niemals, so dass neben dem Reisenden von der Erde auch jeder Hotelgast weiterhin ein Zimmer haben wird, er muss nur ein Zimmer weiterziehen (von Zimmer n in Zimmer $n + 1$).

Das Wesen des Unendlichen besteht hier also darin, dass es **kein letztes Zimmer** gibt. Das Symbol „∞" für Unendlich darf man daher auch nicht als Zahl interpretieren.

Übrigens, als ich an einem lauen Sommerabend mit einem Hoteldirektor bei einem Gläschen Rotwein saß und ihm diese Frage vorlegte, war ich schon auf eine Antwort wie „Unfug, so etwas gibt es nicht!" gefasst. Aber nein, er hielt eine sehr pragmatische, für mich unerwartete Lösung parat: „Ein absolut voll besetztes Hotel gibt es nicht! Wenn tatsächlich alle Zimmer ausverkauft sein sollten, dann vermieten wir die Büroräume des Managements – zum halben Preis." Auch so kann man Aufgaben lösen!

Frage: Falls von der Erde 100 Reisende oder sogar unendlich viele ankommen, können diese ebenfalls im Hotel auf dem Mars untergebracht werden? Wenn ja, in welchen Zimmern?

[5] Hier könnte der geschätzte Leser darauf hinweisen, dass bisher noch nie ein Mensch von der Erde auf den Mars gelangt ist (Stand 2017). Richtig, aber darauf kommt es in dieser Geschichte auch nicht an. Es gibt ja auch kein Hotel mit unendlich vielen Zimmern.

18 Studienberatung

Welcher Laie wird wohl je verstehen, dass der Verkäufer der Verkaufsoption bei Ausübung der Verkaufsoption durch den Käufer der Verkaufsoption der Käufer der von dem Käufer der Verkaufsoption verkauften Wertpapiere ist?

Serge Demolière, Landesbank Berlin

LAURA und Luca beabsichtigen, ein Studium der Wirtschaftsmathematik aufzunehmen, wissen aber nicht so genau, was sie dort erwartet. Deshalb haben sie sich zu einer Studienberatung angemeldet. Sie interessieren sich vor allem für finanzmathematische Anwendungen.

„Ein aufregendes Einsatzgebiet für Absolventen eines Wirtschaftsmathematikstudiums ist das Bankwesen, und hier vor allem das Modellieren komplizierter Finanzprodukte, sogenannter *Derivate*, d. h. „abgeleiteter“ Produkte, die sich aus einfacheren zusammensetzen lassen“, erläutert ihnen die Studienberaterin, Frau Prof. A. „Die Berechnung des *fairen Wertes* und anderer Kenngrößen solcher Produkte ist die Domäne der Mathematiker, beispielsweise die Ermittlung von Risikokennzahlen. Diese Berechnungen sind meist außerordentlich kompliziert und rechenzeitaufwendig, zudem müssen sie oft innerhalb kurzer Zeit erfolgen, um Kundenanfragen schnell beantworten zu können.

Dies bedingt, dass Wirtschaftsmathematiker gute Kenntnisse in numerischer Mathematik benötigen, genauso aber auch Kenntnisse von den Produkten selbst sowie von rechtlichen Vorschriften, denen diese genügen müssen. Insgesamt ein sehr anspruchsvolles, aber auch sehr interessantes Tätigkeitsfeld. Bei den in Frage stehenden Produkten geht es um Kredite, Anleihen, Aktien, Optionen, Zertifikate, Swaps und weitere Finanzinstrumente.“

Laura unterbricht die Dozentin in ihrem Redefluss: „Könnten Sie uns bitte etwas näher erklären, was Swap bedeutet und was eine Option ist?“

„Aber gerne. Ein Swap ist eine finanzielle Vereinbarung, bei der (im einfachsten Fall) die Partner variable gegen feste Zinsen tauschen. Eine Option – das ist eine Wahlmöglichkeit, ein Wahlrecht, welches man ausüben kann, aber nicht muss. In der Finanzwirtschaft bezeichnet eine *Option* das Recht, eine bestimmte Sache, das *Basisgut*, auch *Basiswert* oder *Underlying* genannt – beispielsweise Aktien oder Rohstoffe – in einer bestimmten Menge zu einem festgelegten zukünftigen Zeitpunkt zu einem vereinbarten Preis zu kaufen. In diesem Fall spricht man von *Kaufoption* oder *Call*. Besteht das Recht darin, das Basisgut zu verkaufen, handelt es sich um eine *Verkaufsoption* oder *Put*.

Da lediglich das Recht, nicht aber die Pflicht zum Kauf oder Verkauf besteht und es sich um ein Geschäft handelt, das nicht heute, sondern in der Zukunft stattfindet, spricht man von einem *bedingten Termingeschäft*. Der Verkäufer der Option muss die Entscheidung des Käufers in jedem Fall akzeptieren, er muss ‚stillhalten', weshalb er auch *Stillhalter* heißt."

„Das war ein bisschen viel auf einmal", klagt Laura, „geht es nicht ein bisschen anschaulicher?"

„Stell dir vor – ich darf doch du zu dir sagen? –, die Aktie der Beispiel AG steht heute bei 66 Euro. Da du erwartest, dass die Aktie im Wert steigt, vielleicht bis auf 75 Euro, kaufst du eine Call-Option, die dir das Recht verleiht, in einem halben Jahr diese Aktie für 70 Euro zu erwerben. Wenn sie dann tatsächlich 75 Euro kostet und du sie gar nicht erst erwirbst, sondern sofort verkaufst, hast du fünf Euro gutgemacht."

„Klingt super", meint Luca, „aber irgendwo muss da ein Haken sein. Einfach so wird man ein solches Recht nicht eingeräumt bekommen."

„Selbstverständlich", antwortet die Studienberaterin, „für die Option muss natürlich etwas gezahlt werden, die sogenannte *Optionsprämie*. Je höher die Chance auf einen Gewinn, desto höher auch der Preis der Option. Dessen Berechnung ist allerdings alles andere als einfach, lediglich bei den Standardoptionen, den sogenannten *Plain-Vanilla-Optionen*, gibt es eine übersichtliche Berechnungsvorschrift, die *Black-Scholes-Formel*, ansonsten sind komplizierte Differenzialgleichungen mithilfe numerischer Verfahren zu lösen. Eine Herausforderung für Mathematiker."

„Was sind denn Plain-Vanilla-Optionen?", erkundigt sich Laura.

„Die Herkunft des Ausdrucks 'plain vanilla' dürfte vom Vanilleeis kommen, das die gebräuchlichste und wohl auch einfachste Sorte verkörpert, ohne jede Beimengung anderer Geschmackskomponenten oder Verfeinerungen aller Art. Genauso verhält es sich mit den Plain-Vanilla-Produkten. Dabei handelt es sich um die jeweils einfachsten Formen der entsprechenden Produkte, ohne zusätzliche Bedingungen oder irgendwelche Besonderheiten", erläutert die Dozentin. „Haben Sie sonst noch Fragen?"

Luca wollte eigentlich noch nach dem Unterschied zwischen Bonus- und Discountzertifikaten fragen, doch die Zeit ist bemessen, und er verzichtet darauf. Aber etwas möchte er doch noch wissen: „Bilden sich denn die Kurse von Finanzprodukten nicht an der Börse durch das Spiel von Angebot und Nachfrage heraus? Wenn das so ist, kann man doch deren Preise nicht mit mathematischen Methoden berechnen."

„Genau", antwortet Frau Prof. A., „aber man kann den fairen Wert, d. h. den theoretischen Kurs ermitteln und mit dem realen Kurs vergleichen als Grundlage für Kauf- oder Verkaufsentscheidungen. Außerdem dienen die aufgestellten Modelle als Ausgangspunkt für die verschiedensten Prognosen."

Laura und Luca fanden die Beratung zwar ziemlich anstrengend, aber dafür außerordentlich anregend und werden sich wohl für ein Studium der Wirtschaftsmathematik entscheiden.

19 Über sieben Brücken musst du geh'n

Über sieben Brücken musst du gehn,
sieben dunkle Jahre überstehn,
siebenmal wirst du die Asche sein,
aber einmal auch der helle Schein.
Text: Helmut Richter, Musik: Ulrich „Ed" Swillms

Dies ist nicht nur ein bekanntes Lied der Rockband Karat aus den 1970er Jahren, das in der Coverversion von Peter Maffay sogar noch mehr Fans gefunden hat, nein, es war im frühen 18. Jahrhundert auch ein beliebtes Gesellschaftsspiel in der Königlichen Haupt- und Residenzstadt Königsberg in Preußen. Damals führten über den Pregel, der Königsberg durchzieht, sieben Brücken, die so angeordnet waren, wie es dieses Schema zeigt:

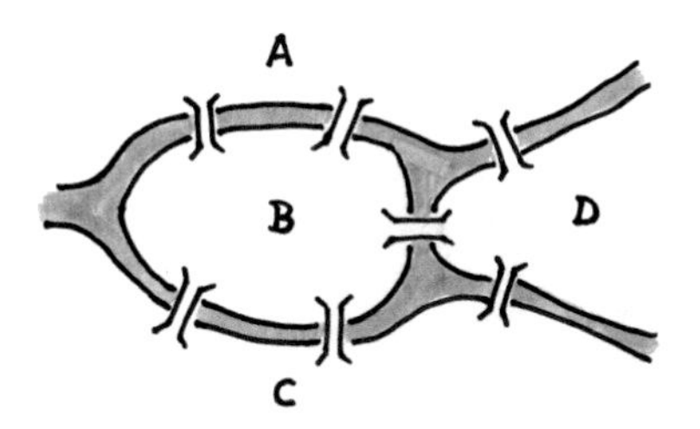

Das Spiel bestand nun darin, in irgendeinem der Stadtteile A bis D zu starten, über alle Brücken genau einmal zu gehen und wieder zum Ausgangspunkt zurückzukehren. Gelingt dies nicht, so sollte man es wenigstens schaffen, den Spaziergang an einem beliebigen Ort zu beginnen und ihn irgendwo zu beenden, aber dabei jede Brücke genau einmal zu überqueren. Die Einwohner von Königsberg konnten sich mühen, wie sie wollten, es gelang ihnen nicht.

Diese Aufgabe machte solche Furore, dass selbst Leonhard Euler, ein Schweizer Mathematiker und Physiker, der damals in St. Petersburg lebte, sich mit dieser Thematik befasste. Im Jahre 1736 veröffentlichte er die Lösung der Aufgabe. Diese Arbeit gilt als eine der ersten in der *Graphentheorie*, einem Gebiet der Mathematik, dem eine Vielzahl wirtschaftsmathematischer Fragestellungen entspringt.

Euler formulierte die Aufgabenstellung zunächst um. Er ordnete der Ausgangsaufgabe einen ungerichteten[6] Graphen mit den Knoten A bis D zu, den er untersuchte.

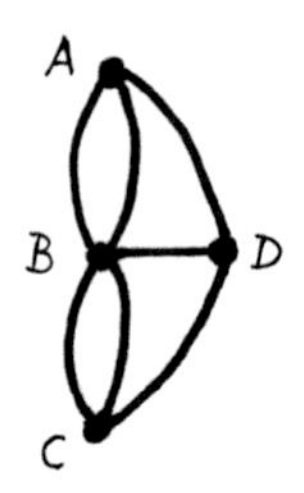

Dabei stellte er fest, dass die Anzahl der in einen Knoten einmündenden Kanten (*Knotengrad* genannt) bei jedem der vier Knoten ungerade war, was sich als wichtig für die Lösung der Aufgabe herausstellen sollte, denn das Königsberger Brückenproblem wäre nur dann lösbar, wenn es einen sog. *Eulerkreis* (Anfang = Ende) bzw. *Eulerweg* (Anfang und Ende können verschieden sein) gäbe, also Wege, bei denen alle Kanten des Graphen genau einmal durchlaufen werden, denn es gilt die nachstehende Aussage:

Satz (Euler). 1. Ein ungerichteter Graph enthält einen Eulerkreis genau dann, wenn jeder seiner Knoten geraden Grad hat.

2. Er enthält einen Eulerweg, wenn zwei oder keiner seiner Knoten ungeradem Grad hat (im letzteren Fall handelt es sich bei dem Eulerweg um einen Eulerkreis).

Da alle vier Knoten im vorliegenden Beispiel den Knotengrad 3 haben, gibt es weder einen Eulerkreis noch Eulerweg. Die gestellte Aufgabe ist somit unlösbar.

Und wie hängen diese theoretischen Aussagen, die – wie es zunächst scheint – zu nichts nütze sind, mit der Wirtschaftsmathematik zusammen? Nun, die Frage, ob ein Graph einen Eulerkreis enthält oder nicht, spielt in zahlreichen Fragestellungen eine Rolle; als ein Beispiel sei das Briefträgerproblem (S. 109) genannt.

[6]Ein *ungerichteter* Graph enthält nur Kanten, ein *gerichteter* nur Pfeile.

20 Das verschüttete Salz

Salz zu verschütten, bringt Unglück.

Volksaberglaube

VOR einigen Jahren war ich zu Hause in der Küche am Werk und hatte für die Familie gekocht. Schnell wollte ich noch aufräumen. Da passierte es: Als ich das Salzschälchen zurück in den Schrank stellen wollte, blieb ich an der Tür hängen und ... der gesamte Inhalt ergoss sich auf die – sehr glatte – Arbeitsplatte, was einige der Körnchen nutzten, um bis in die hinterste Ecke zu rutschen. Die Mehrzahl der Salzkörner türmte sich jedoch zu einem beträchtlichen Häufchen in der Mitte der Platte. Oh je, verschüttetes Salz bringt Unglück!

Genau in dem Moment, als ich mich anschickte, drei Prisen Salz über meine linke Schulter zu werfen, um das Unglück abzuwenden und danach alles aufzuräumen, genau in diesem Moment kam meine Frau in die Küche. Um ihren zu erwartenden kritischen Bemerkungen zu begegnen und ihr den Wind aus den Segeln zu nehmen, griff ich zu einer List – ich griff zur Mathematik.

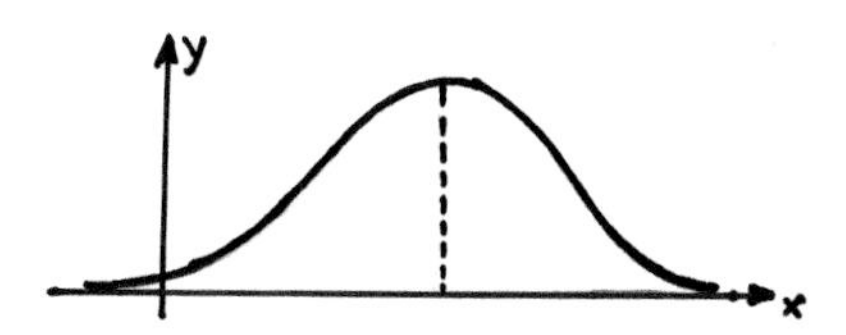

„Ich habe gerade ein Experiment durchgeführt“, erläuterte ich meiner Frau. „In vielen praktischen Gebieten der Mathematik benötigt man die Normalverteilung. Beispielsweise bei der Darstellung und Untersuchung von Mess- oder Beobachtungswerten, bei der Einschätzung von Risiken an Kapitalmärkten, bei der Berücksichtigung des Lebensalters in Berechnungen von Versicherungsmathematikern und in anderen Situationen. Graphisch sieht sie wie eine Glocke aus, die berühmte *Gauß'sche Glockenkurve*.“

Dabei hat man die obige Glockenkurve so zu interpretieren: In der Nähe eines Mittelwertes kommen die Werte eines bestimmten Merkmals häufig vor, deshalb ist die Kurve dort am höchsten. Je weiter man sich von diesem Wert entfernt, desto geringer die Anzahl der Merkmalswerte und desto niedriger die Kurve. Die zugrunde liegende Normalverteilung weist (Abszissen-)Werte von minus unendlich bis plus unendlich auf; in realen Situationen ist das natürlich nicht so. Betrachtet man z. B. als Merkmalswert die Körpergröße eines Menschen, so kann dieser Wert nicht negativ werden und garantiert nicht größer als 3 m sein. Wird man aber nun die Körpergröße aller Einwohner Deutschlands darstellen, so wird man feststellen, dass die entstehende Abbildung der Gauß'schen Glockenkurve sehr stark ähnelt. Daher liefert die Normalverteilung eine sehr gute Approximation und kann als Grundlage von Berechnungen verwendet werden.

„Wenn die zugrunde liegenden Merkmalswerte *zweidimensional* sind," fuhr ich fort, „also jeweils aus einem Paar von Zufallsvariablen bestehen, so benötigt man die zweidimensionale Normalverteilung. Und diese habe ich soeben mit dem Salzexperiment simuliert."

Meiner Frau blieb vor Überraschung der Mund offen stehen, sodass jegliche Kritik an meinem Ungeschick ausblieb. Sicherheitshalber legte ich nach: „Ich zeige dir einmal ein Bild von dieser Funktion. Sieht sie nicht schön aus?"

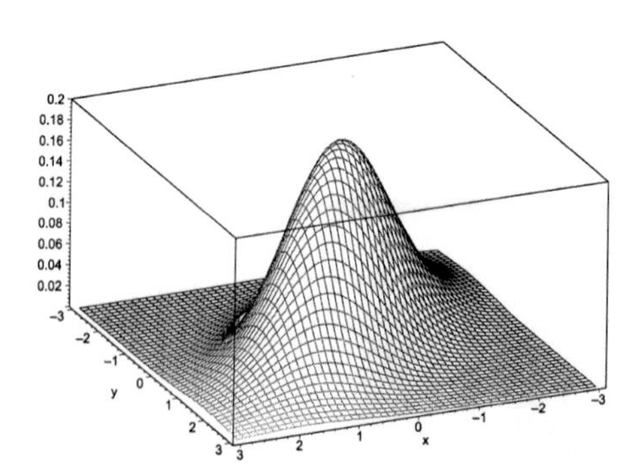

So lässt sich auch eine missliche Situation nutzen, um die Allgegenwärtigkeit der Mathematik zu demonstrieren und eine Lanze für sie zu brechen.

21 Eine Vorhersage gewagt

Prognosen sind schwierig, besonders wenn sie die Zukunft betreffen.

Mark Twain u. a. zugeschrieben

LEONIE ist absolut sportbegeistert, insbesondere brennt sie für Leichtathletik – stundenlang kann sie vor dem Fernseher sitzen. Vor allem das Hammerwerfen der Frauen, seit Sydney 2000 olympische Disziplin, sieht sie gern. In dieser Disziplin kennt sie sich bestens aus und alle Weltrekorde der letzten 20 Jahre hat sie im Kopf. In etwas verkürzter Form sind diese, der Aufstellung in Wikipedia folgend, nachstehend aufgelistet[7]:

Weite	Athletin	Land	Jahr
66,86	Mihaela Melinte	Rumänien	1994
69,42	Mihaela Melinte	Rumänien	1996
69,58	Mihaela Melinte	Rumänien	1997
73,14	Mihaela Melinte	Rumänien	1998
76,07	Mihaela Melinte	Rumänien	1999
77,06	Tatjana Lyssenko	Russland	2005
77,80	Tatjana Lyssenko	Russland	2006
77,96	Anita Włodarczyk	Polen	2009
78,30	Anita Włodarczyk	Polen	2010
79,42	Betty Heidler	Deutschland	2011
79,58	Anita Włodarczyk	Polen	2014
81,08	Anita Włodarczyk	Polen	2015

Nun macht sich Leonie Gedanken darüber, wo denn wohl der Weltrekord im Jahr 2020 stehen könnte. Wird er bei 82 m oder 84 m oder gar bei 90 m liegen? Vielleicht aber bleibt er auf dem Stand von 2015 und rührt sich nicht von der Stelle?

[7] Wenn in einem Kalenderjahr der Rekord mehrfach verbessert wurde, ist hier nur der jeweils letzte verzeichnet.

Zunächst einmal stellt sie die Weltrekorde grafisch dar:

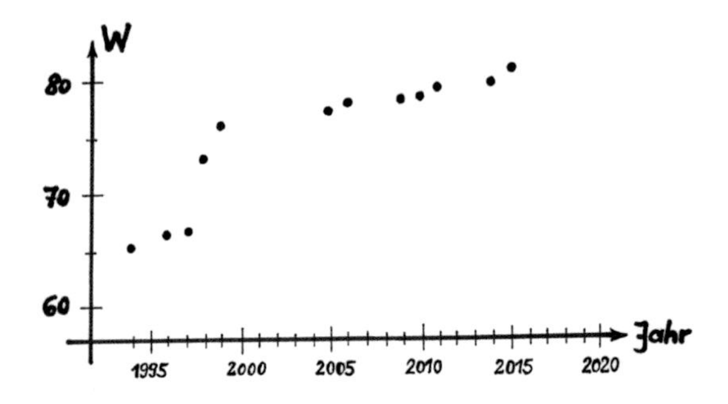

Da Leonie den Bachelorstudiengang Wirtschaftsmathematik belegt, kennt sie sich gut mit Methoden aus, die eine solche „Punktwolke", auch *Streudiagramm* genannt, möglichst gut annähern. Es hätte nämlich nicht viel Sinn, eine Funktion zu suchen, deren Graph durch **alle** Punkte der Wolke verläuft. Viel zweckmäßiger ist es, eine „einfache" Funktion zu suchen, die insgesamt so nahe wie möglich an den Punkten liegt. Am einfachsten ist eine lineare Funktion, deren Graph bekanntlich eine Gerade ist.

Eine Gerade hat zwei Parameter – man kann sie parallel zu sich nach oben oder unten verschieben und sie lässt sich drehen, wodurch sich ihr Anstieg ändert. Nun kann man beschreiben, was eine „möglichst gute Annäherung" der – vorläufig noch unbekannten – Geraden an die Punktwolke bedeutet: Die Summe aller quadrierten Abstände zwischen den Punkten und der Geraden soll minimiert werden. Die Quadrate der Abstände gehen deshalb ein, damit sich positive und negative Werte nicht ausgleichen. Im Idealfall ist die Summe gleich null (wenn alle Punkte der Punktwolke exakt auf einer geraden Linie liegen). Dieser Zugang entspricht einer Extremwertaufgabe, die *Methode der kleinsten Quadratsumme* (MKQ) genannt wird. Sie geht auf Carl Friedrich Gauß zurück, der sie Ende des 18. Jahrhunderts im Zusammenhang mit der sog. *Ausgleichsrechnung* für Planetenbahnen entwickelte und später bei der Vermessung des Königreichs Hannover anwendete. Auch andere Wissenschaftler waren an der Ausarbeitung und Weiterentwicklung dieser Methode beteiligt.

Leonie möchte nun die MKQ anwenden, um eine Gerade zu finden, die die Punktwolke bestmöglich approximiert. Sie schaut sich die Abbildung an und überlegt: „Soll ich alle Rekorde von 1994 bis 2015 in die Rechnung einbeziehen?“ Das sind ihr zu viele Daten, sodass die Rechnerei zu aufwendig wird. „Soll ich mich vielleicht auf den Zeitraum von 1994 bis 1999 beschränken, um dann an den Daten der späteren Jahre zu überprüfen, wie gut die Annäherung ist?“ Doch sie sieht sofort – dieser Zugang wird nichts bringen. Denn legt man „frei Hand“ eine Gerade zwischen die ersten fünf Punkte, ohne wirklich zu rechnen, so würde sich beispielsweise für 2005 ein Wert von ca. 85 m ergeben, während der Weltrekord in dem Jahr bei 77 m lag. Für 2015 würde sich gar der utopische Wert von 103 m ergeben. Nein, dieser Zugang bringt wirklich nichts!

Schließlich entscheidet sich Leonie, nur die rechte Gruppe von Punkten im Streudiagramm zu verwenden, also die Rekorde der letzten zehn Jahre, und eine Gerade zu bestimmen, die die Daten im Zeitraum von 2005 bis 2015 bestmöglich annähert. Zur Vereinfachung greift Leonie nur auf die Weltrekorde von 2005, 2010 und 2015 zurück. Ohne die Rechnung hier detailliert wiederzugeben, wofür Formeln und Algorithmen erforderlich wären, die wir aus diesem Buch verbannt haben, wurde nur die resultierende Gerade eingezeichnet. Geht man nun auf der Zeitachse zum Jahr 2016 und schaut, welchen Wert die soeben ermittelte Gerade liefert, kann man ungefähr 81 m ablesen (die genaue Rechnung liefert einen Wert von 81,23 m).

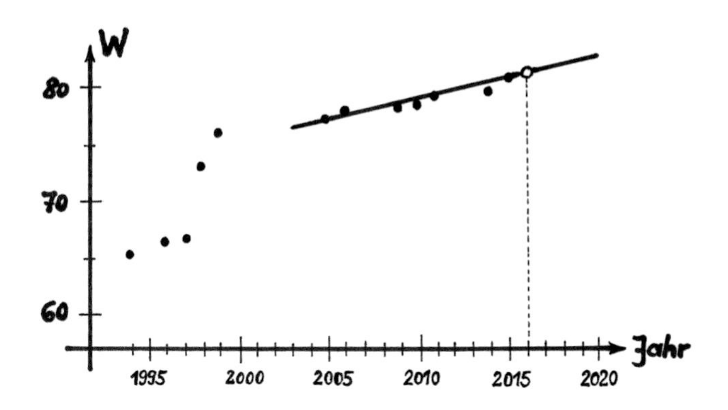

Die Tabelle von Leonie ist leider nicht auf dem neuesten Stand – im Jahr 2016 verbesserte die polnische Werferin Anita Włodarczyk ihren eigenen Weltrekord auf nunmehr 82,29 m. Leonies Voraussage von 81,23 m liefert also eine Abweichung von etwa einem Meter. Ob das viel oder wenig ist, muss jeder selbst für sich entscheiden. Für 2020 ergibt sich eine Prognose von 82,83 m.

Übrigens, hätte Leonie doch den gesamten Zeitraum von, sagen wir, 1995 bis 2015 in die Rechnung einbezogen, würde die Prognose für 2016 die Weite 82,82 m liefern, für 2020 dann 85,66 m. Man sieht, mit derselben Methode erzielt man für verschiedene Modelle unterschiedliche Vorhersageergebnisse.

Die Methode der kleinsten Quadratsumme wurde hier für die einfachste Funktionenklasse, die linearen Funktionen, beschrieben. In Abhängigkeit von der Form der Punktwolke bzw. dem zugrunde liegenden mathematisch-ökonomischen Zusammenhang können andere Funktionenklassen angepasster sein: quadratische Funktionen, Exponentialfunktionen (bei Wachstumsprozessen), S-förmige Funktionen (bei Sättigungsprozessen, vgl. S. 116) und andere. In der Stochastik wird die MKQ zur Ermittlung der *Regressionsgeraden* benutzt. Letztere beschreibt den Zusammenhang zwischen zwei Zufallsvariablen.

Worauf sollte man bei der Anwendung dieser Methode unbedingt achten?

- Grundsätzlich: Niemand kann in die Zukunft schauen! Die beschriebene Methode kann zwar dabei helfen, möglichst plausible Daten vorherzusagen (Extrapolation); ob diese dann aber wirklich so realisiert werden, steht auf einem anderen Blatt. Eine Prognose über zu lange Zeiträume ist immer gefährlich. Bei der Ermittlung von fehlenden Zwischenwerten (Interpolation) ist die Genauigkeit in der Regel deutlich besser.

- Es liegt im Wesen der Methode, dass die Vorhersage auf Vergangenheitswerten basiert und darauf, dass keine qualitativen Veränderungen eintreten. Würde man beispielsweise anstelle der Weltrekordentwicklung im Hammerwerfen die beim Stabhochsprung untersuchen, so fallen deutliche Sprünge auf – beim Übergang vom Bambusstab zur Metallstange, dann zum Glasfiberstab.

- Das jeweils verwendete Modell muss dem zugrunde liegenden Sachverhalt entsprechen. Bei der Rekordentwicklung im 100m-Lauf ist ein lineares Modell nur für kurze Zeiträume sinnvoll, sonst käme man – da die gelaufenen Zeiten naturgemäß immer kürzer werden – irgendwann auf null, dann müsste man die Läufer „beamen". Angebrachter wäre hierbei sicherlich eine Funktionenklasse, die sich asymptotisch an eine untere Schranke annähert (nur: an welche?). Dasselbe trifft auf das Hammerwerfen zu: Auch hier dürfte eine asymptotische Funktion zur Beschreibung der Weltrekordentwicklung wohl besser angepasst sein.

Übrigens, es ist auch in der Mathematik nicht empfehlenswert, den gesunden Menschenverstand auszuschalten. Vor einigen Jahren stellte ich in einer Klausur eine Aufgabe zur MKQ, bei der es um den Wasserstand eines Flusses ging, der mehrere Monate hintereinander sank. Es wurde dann nach dem voraussichtlichen Pegelstand nach weiteren zwölf Monaten gefragt. Bei Verwendung eines linearen Modells ergab sich ein **negativer** Wert, was daran lag, dass ein lineares Modell in diesem Kontext einfach nicht geeignet ist für größere Zeiträume. Wie reagierten die Studenten? Die einen meinten: „Ich habe mich bestimmt verrechnet" (das ist immerhin noch selbstkritisch), die nächsten schrieben: „Die Methode ist Quatsch". Andere wiederum machten ohne Rücksicht auf Verluste aus dem Minus einfach ein Plus, und leider nur wenige erkannten, dass die Methode zwar gut, nur das Modell nicht angepasst war.

Zum guten Schluss: Wir haben hier im Zusammenhang mit der MKQ vor allem über deren Verwendung im Sport gesprochen. Tatsächlich handelt es sich um eine Methode, die in sehr vielen Gebieten angewendet wird, darunter in der Ökonomie und der Statistik. Bei großen Datenmengen und nichtlinearen Ansätzen entstehen dabei herausfordernde Aufgaben, die speziell ausgearbeitete, effiziente mathematische Verfahren erfordern.

Literatur:

de.wikipedia.org/wiki/Hammerwurf#Frauen_3; abgerufen: 22.07.2017

22 Lektion in Logik

Denken ist wie googeln, nur krasser!
Unbekannter Autor

Sitzt ein Mathematikstudent in der Mensa am Tisch, vor ihm ein Häufchen Apfelkerne. Mit Vergnügen löffelt er diese.

Kommt ein Erstsemestler vorbei und sieht, dass der Mathematiker Apfelkerne isst. Wundert sich: „Was machst du denn da?".

„Na, Apfelkerne essen, das siehst du doch", antwortet der Mathestudent.

„Und warum?". Der Erstsemestler ist irritiert und versteht gar nichts.

„Apfelkerne sind gut für das Denkvermögen", erklärt der andere.

Nach kurzem Überlegen meint der Erstsemestler: „Gibst du mir auch ein paar?"

„Na klar", antwortet der Mathestudent. „Drei Stück für drei Euro."

„Danke", freut sich der Ersti, legt das Geld auf den Tisch und verlässt die Mensa.

Nach kurzer Zeit jedoch kommt er – ziemlich aufgeregt – zurück und ruft: „Das ist doch Wucher! Für drei Euro kann ich mir zwei Kilo Äpfel kaufen, darin sind jede Menge Kerne."

„Siehst du", schmunzelt der Mathestudent, „es geht schon los."

23 Wie soll man investieren?

Es gibt Anlageberater, die Renditen garantieren.
Aber wer garantiert für die Anlageberater?

Lebensweisheit

OFTMALS geben Anlageberater ihren Kunden diesen Rat für ihr Investment: „Setzen Sie nicht alles auf eine Karte, nutzen Sie den *Cost-Average-Effekt.*“ In der Literatur wird dieser Begriff in unterschiedlichem Kontext verwendet. Hier soll er so aufgefasst werden:

Soll ein Anleger bei der Investition in einen Fonds lieber regelmäßig eine feste Anzahl von Anteilen erwerben (Strategie 1) oder stets eine feste Summe einzahlen (Strategie 2)?

Eine Einmalanlage in einen Fonds kann durchaus vorteilhaft sein, erwischt man den „richtigen“ Zeitpunkt, wenn der Anteilswert möglichst niedrig ist. Aber wer kennt den schon? Besser und leichter realisierbar ist es, regelmäßig kleinere Beträge zu investieren. Somit verbleibt die Frage, welche der beiden Strategien günstiger ist (Gebühren werden nicht berücksichtigt; Bruchstücke von Fondsanteilen sollen erworben werden können). Betrachten wir ein Beispiel:

Die Anteilspreise eines Fonds lauten zu den Zeitpunkten $t = 1$ bis $t = 5$ wie folgt: 100, 90, 110, 80, 120 Euro.

Strategie 1: Zu jedem Zeitpunkt wird ein Anteil gekauft, also insgesamt fünf Anteile. Dann hat der Investor insgesamt 500 Euro zu zahlen und der Durchschnittspreis beträgt 100 Euro.

Strategie 2: Es werden jeweils 100 Euro investiert. Dann ergibt sich eine Gesamtanteilszahl von

$$\frac{100}{100} + \frac{100}{90} + \frac{100}{110} + \frac{100}{80} + \frac{100}{120} = 5{,}1035.$$

Bei Anwendung der zweiten Strategie werden also mehr Anteile erworben, der Cost-Average-Effekt wirkt sich positiv aus.

Dieses Ergebnis lässt sich verallgemeinern: Bei der ersten Strategie haben wir es mit dem *arithmetischen Mittel* der Preise zu tun, bei der zweiten mit dem *harmonischen Mittel.* Da das harmonische Mittel von Zahlen stets kleiner oder gleich dem arithmetischen ist, gilt die Aussage des Beispiels auch allgemein:

> Kauft man regelmäßig Fondsanteile für einen festen Betrag, so ist der Durchschnittspreis der erworbenen Anteile geringer als jener, der sich bei Kauf einer stets gleichbleibenden Anzahl an Anteilen ergibt.

Nur wenn die Anteilspreise im Zeitverlauf konstant bleiben, wären beide Größen gleich. Freilich lassen sich Aussagen über die Rendite beider Anlagestrategien hieraus nicht unmittelbar ableiten, da weder die Zahlungszeitpunkte noch die Entwicklung der Anteilspreise berücksichtigt wurden.

Wie Cottin/Döhler zeigten, fällt der Unterschied der durchschnittlichen Kaufpreise umso größer aus, je mehr die Fondspreise differieren. Ferner tritt bei langer Laufzeit eines Sparplans eine „Verwässerung" des Durchschnittskosteneffekts auf, da sich immer mehr Kapital ansammelt und die weit zurückliegenden Einzahlungen eher wie eine Einmalzahlung auf die Schwankungen der Anteilspreise reagieren.

Übrigens: Hätte der Investor bei einer Einmalanlage zum Zeitpunkt $t = 4$ Fondsanteile im Wert von 500 Euro erworben, besäße er 6,25 Anteile, während es bei $t = 5$ gerade einmal 4,1667 Anteile wären. Der Investitionszeitpunkt spielt folglich eine große Rolle.

Im Rahmen der Finanzmathematik werden derartige Modelle und Anlagestrategien, die in der Regel aber wesentlich komplizierter sind als die hier beschriebene, mit mathematisch-statistischen Methoden untersucht, um Aussagen über die einzugehenden Risiken bzw. zu erwartenden Renditen zu erzielen.

Literatur:

Cottin C., Döhler S.: Risikoanalyse. Modellierung, Beurteilung und Management von Risiken mit Praxisbeispielen. 2. Aufl. Springer Spektrum, Wiesbaden 2013

24 Crashkurs im Vorkurs

Über einhundert Studienanfänger, die sich für Mathematik oder Wirtschaftswissenschaften eingeschrieben haben, sind im Vorkurs der Universität versammelt. Heute auf dem Programm: „Crashkurs Finanzmathematik – ganz ohne Formeln". Im Vorfeld konnten die künftigen Studierenden Fragen stellen oder Begriffe nennen, die sie gern erklärt haben möchten. Daraus hat der Dozent die wichtigsten ausgewählt. Er erklärt:

Zins: Der Zins [lat. *census* „Abgabe"] ist das vom Schuldner an den Gläubiger zu zahlende Entgelt für die leihweise Überlassung von Kapital. Werden bereits angefallene Zinsen mitverzinst, spricht man von *Zinseszins (exponentielle Verzinsung)*, ansonsten von *linearer* oder *einfacher* Verzinsung.

Barwert: Diese Größe wird auch *Gegenwartswert* (engl. *present value*) genannt. Es ist der Wert einer Zahlung zum Zeitpunkt null oder zu einem Zeitpunkt, der den Beginn einer finanziellen Vereinbarung darstellt. Anders ausgedrückt, er ist das Äquivalent einer zu einem zukünftigen Zeitpunkt fälligen Zahlung (bei gegebenem Zinssatz).

Nehmen wir ein Beispiel: Eure Großeltern haben euch 1000 Euro als Geschenk versprochen. Wenn ihr die Wahl hättet, ob ihr das Geld jetzt bekommt oder erst in zwei Jahren, so würdet ihr euch sicherlich für „jetzt" entscheiden. Aus finanzmathematischer Sicht könnte man nämlich das Geld über zwei Jahre anlegen und dafür Zinsen erhalten, sodass es in zwei Jahren mehr als 1000 Euro wären. Andersherum: 1000 Euro, die man erst in zwei Jahren erhält, sind zum heutigen Zeitpunkt (etwas) weniger wert. Der Wert einer Zahlung ist also abhängig von dem Zeitpunkt, zu dem diese zu leisten ist.

Äquivalenzprinzip: Hierbei handelt es sich um das wichtigste Prinzip der Finanzmathematik und auch der Versicherungsmathematik; verschiedene Zahlungen werden – bezogen auf einen festen Zeitpunkt – einander gegenübergestellt. Am häufigsten kommt es in Form des *Barwertvergleichs* vor. Es kann beispielsweise so lauten: „Die Leistungen des Schuldners sind gleich den Leistungen des Gläubigers" (dasselbe trifft auf eine Versicherung und deren Leistungen bzw. den Versicherungsnehmer und dessen zu zahlende Prämien zu) oder „Der Wert aller Einzahlungen ist gleich dem aller Auszahlungen" oder – etwas abgewandelt – „Verschiedene Zahlungsarten (z. B. Barzahlung und Finanzierung beim Autokauf) sind gleich günstig". Hierbei wird natürlich ein bestimmter vereinbarter Zinssatz zugrunde gelegt, der entweder bekannt oder zu bestimmen ist. Im letzteren Fall muss man in aller Regel numerische Lösungsverfahren anwenden, d. h. „Löwen fangen" (S. 20). Sogar in das Bundesgesetzblatt hat es dieses Prinzip geschafft – in die Preisangabenverordnung (Neufassung von 2002).

Rendite: Zunächst: Die Rendite ist ein Zinssatz (Prozentsatz), der sich im Allgemeinen auf den Zeitraum von einem Jahr bezieht (sofern nichts anderes vereinbart ist). Ein Synonym für diesen Begriff ist *Effektivzinssatz*. Zur Berechnung der Rendite einer Zahlungsvereinbarung, Geldanlage usw. dient das eben genannte Äquivalenzprinzip. Dies liefert eine Gleichungsbeziehung, aus der man die Rendite fast immer mithilfe numerischer Lösungsverfahren berechnen muss und nicht einfach eine fertige Formel anwenden kann, was manchmal ganz schön kompliziert ist.

Die Rendite weicht überall dort vom vereinbarten *Nominalzinssatz* (der „genannte" Zinssatz) ab, wo Gebühren, Aufgelder, zeitliche Verschiebungen der Zahlungen, nicht vollständige Auszahlungen von Darlehen, nicht korrekte Verrechnung von Zinsen, unterjährige Verzinsung usw. auftreten. Wichtige Beispiele sind die Berechnung der Rendite einer Anleihe bei gegebenem Kurs, die Berechnung des anfänglichen effektiven Jahreszinssatzes eines nicht vollständig ausgezahlten Darlehens oder eines Darlehens mit unterjähriger Verzinsung. Auch bei einem Sparplan mit Bonus am Laufzeitende weichen Rendite und Nominalzinssatz voneinander ab. Die Rendite ist gewissermaßen „das Salz in der Suppe" der Finanzmathematik.

„Ich hoffe, sie sind auf den Geschmack gekommen", verabschiedet sich der Dozent von den zukünftigen Studenten.

25 Feinste Schokolade

Schokolade löst keine Probleme,
aber das tut ein Apfel auch nicht.
Volksweisheit

PHILIPP schaut sich eine Fernsehsendung an – „Was man über Schokolade wissen sollte“. Schokolade ist seine Leib- und Magenspeise, deshalb schaut er aufmerksam zu. Die Dokumentation „verrät“, was jedermann auch so schon weiß: Ein Produkt kann nur so gut sein wie die in ihm enthaltenen Rohstoffe – klare Sache!

Für hochfeine Schokolade müssen daher die Kakaobohnen zur Güteklasse A gehören, was wiederum bedeutet, dass höchstens 4 % der Bohnen nicht einwandfrei sein dürfen. Wie soll man das prüfen, wenn der Jahresverbrauch an Kakaobohnen in Deutschland mehrere Hunderttausend Tonnen beträgt? Man kann ja nicht jede einzelne Bohne untersuchen!

Der Moderator erläutert: „Aus jeder Lieferung wird eine Stichprobe von 100 Stück entnommen und überprüft.“ Man sieht einen Mitarbeiter der Qualitätskontrolle, der alle 100 Kakaobohnen aufschneidet, ansieht, ihren Geruch überprüft und dann entscheidet, welche „ins Töpfchen“ und welche „ins Kröpfchen“ kommen. Im gezeigten Fall sind gerade vier Bohnen aus der Stichprobe nicht einwandfrei, also genau 4 %. „Das ist ein guter Wert“, meint der Prüfer.

Philipp überlegt. Ist das wirklich so einfach? Kann man aus der Tatsache, dass in der Stichprobe 4 % schlecht sind, schließen, dass auch in der gesamten Lieferung der Anteil an schlechten Bohnen 4 % beträgt? Sicherlich nicht! Es könnte ja sein, dass die Lieferung eine absolut mangelhafte Qualität aufweist, aber die wenigen für die Stichprobe entnommenen Bohnen gerade ausgezeichnet sind. Oder umgekehrt: Die Masse der Bohnen ist von hervorragender Qualität, nur unter denen der Stichprobe finden sich viele schlechte.

Philipp schaltet den Fernseher aus und macht sich kundig. In einem Statistiklehrbuch seines Bruders findet er einige Passagen, die seine Fragen beantworten. Zum einen kann man berechnen, in welchem Bereich der Ausschussanteil der gesamten Lieferung mit einer Wahrscheinlichkeit von beispielsweise 95 % liegen wird; dieser Bereich wird *Konfidenzintervall* oder *Vertrauensbereich* genannt. Genauer gesagt, das auf eine bestimmte Art und Weise berechnete Intervall enthält den wahren Wert mit 95 % Wahrscheinlichkeit.

Zum anderen kann man die Hypothese aufstellen „Der Anteil schlechter Kakaobohnen in der Lieferung beträgt höchstens 4 %". Diese Hypothese lässt sich anschließend mithilfe einer gewissen Testgröße überprüfen und gegebenenfalls ablehnen. Natürlich spielt wiederum der Zufall mit und Aussagen über Ablehnung oder Nicht-Ablehnung einer Hypothese sind nur mit einer gewissen Wahrscheinlichkeit richtig. Hier kommt die *Irrtumswahrscheinlichkeit* ins Spiel. Das ist die Wahrscheinlichkeit, mit der die aufgestellte Hypothese fälschlicherweise verworfen wird, obwohl sie eigentlich richtig ist. Oft wird diese mit 5 % oder 1 % oder 0,1 % festgelegt; das hängt vom jeweiligen Kontext ab.

Alles hat Philipp nicht verstanden, aber er hat Feuer gefangen und will sich in Zukunft intensiver mit mathematischer Statistik befassen. Als Nächstes will er klären, was die Aussage „mit einer Wahrscheinlichkeit von 95 %" bedeutet. Dabei wollen wir ihn nicht stören.

Literatur:

Auer B., Rottmann H.: Statistik und Ökonometrie für Wirtschaftswissenschaftler. Eine anwendungsorientierte Einführung. 3. Aufl. Springer Gabler, Wiesbaden 2014

26 Transportieren mit Pfiff

Die Pustewind AG stellt Windräder her und errichtet diese in vier unternehmenseigenen Windparks. In drei Fertigungsstätten werden die Windräder gebaut und dann von Spezialtransportern des Unternehmens vor Ort gebracht. Letzteres ist kompliziert und teuer, nicht überall können die Kolosse fahren, zum Teil sind Straßensperrungen erforderlich. Kein Wunder, dass das Thema Transport eine große Rolle im Unternehmen spielt. Leider ist es auch immer wieder ein Streitpunkt, denn jeder der drei Betriebsleiter möchte seine Spezialtransporter vor allem dorthin schicken, wo die Fahrt einfach und kostengünstig ist. Dieses egoistische Verhalten ist jedoch alles andere als gut für das Gesamtunternehmen. Aus diesem Grund nimmt sich der Chef persönlich der Sache an und überträgt diese Aufgabe dem Praktikanten Alexander, einem Mathematikstudent, der zurzeit im Unternehmen tätig ist.

Als erstes verschafft sich der Praktikant einen genauen Überblick über die monatlichen Transporte und die dabei entstehenden Kosten. Er trägt alle Daten in eine Tabelle ein. Die Eintragungen in den Feldern der Tabelle beschreiben die Kosten pro Transport, die Zahlen neben und unter der Tabelle die jeweils in den Fertigungsstätten F_1, F_2, F_3 hergestellten Ladungen bzw. die in den Windparks W_1 W_2, W_3, W_4 erwartete Anzahl an monatlichen Transportfahrten:

	W_1	W_2	W_3	W_4	
F_1	2	8	7	12	10
F_2	5	7	1	9	11
F_3	3	4	6	15	14
	8	10	5	12	

Aus den Daten kann man beispielsweise ablesen, dass in der Fertigungsstätte F_1 Teile für zehn Lkw-Ladungen monatlich hergestellt werden und der Windpark W_4 zwölf Schwerlasttransporte erwartet. Die Kosten für einen Transport von F_2 zu W_2 betragen sieben Geldeinheiten, d. h. 7000 Euro (1 GE = 1000 Euro).

Zunächst einmal stellt Alexander fest, dass die Transportaufgabe lösbar ist, denn die sog. *Sättigungsbedingung* ist erfüllt – die Summe der in den Fertigungsstätten hergestellten Ladungen von 35 ist gleich der Summe der in den Windparks ankommenden Transporte. Wäre diese Bedingung nicht gewährleistet, könnte man die Aufgabe (zumindest aus mathematischer Sicht) nicht lösen, denn entweder würde im jeweiligen Monat zu wenig produziert oder zu viel geliefert.

Nun notiert er, was sich ergibt, wenn jeder der Betriebsleiter die für ihn besten Transporte aussucht. Es ist Tradition im Unternehmen, dass zunächst der Betriebsleiter am ersten Produktionsstandort die Routen seiner Transporter festlegt, dann der Leiter des zweiten und danach der des dritten Standorts. „Warum gerade so?", fragt Alexander den Chef. „Das war schon immer so", erhält er zur Antwort.

Der Leiter der ersten Fertigungsstätte würde von seinen zehn produzierten Einheiten acht an Windpark W_1 liefern, da dort die geringsten Kosten anfallen, den Rest von zwei Einheiten an Windpark W_3. Der Betriebsleiter von F_2 liefert drei Einheiten an W_3. Er würde wegen der niedrigen Kosten gern mehr dorthin liefern, aber der Windpark W_3 benötigt nur noch drei Transporte. Daher müssen die restlichen acht Ladungen, die in der Fertigungsstätte F_2 produziert werden, an W_2 gehen. Der Betriebsleiter von F_3 schließlich hat überhaupt keine Wahl mehr, er muss dorthin liefern, wo noch etwas fehlt. Insgesamt ergibt das den folgenden *Transportplan* (die Zahlen in der Tabelle beschreiben jetzt die Anzahl an Transporten von den einzelnen Fertigungsstätten zu den Windparks, wobei leere Felder bedeuten, dass nichts transportiert wird):

	W_1	W_2	W_3	W_4	
F_1	8		2		10
F_2		8	3		11
F_3		2		12	14
	8	10	5	12	

Die Gesamt-Transportkosten belaufen sich bei diesem Plan auf $K = 8 \cdot 2 + 2 \cdot 7 + 8 \cdot 7 + 3 \cdot 1 + 2 \cdot 4 + 12 \cdot 15 = 277$ [GE].

Der Praktikant Alexander kennt sich in den Lösungsmethoden für solche Transportaufgaben gut aus. Er weiß, dass man zunächst eine *zulässige* Lösung berechnen muss, die alle Liefer- und Empfangsbedingungen erfüllt. Diese wird anschließend solange verbessert, bis eine *optimale* Lösung erreicht wurde, die sich nicht weiter verbessern lässt.

Nach kurzem Nachdenken entscheidet sich Alexander für die *Methode des minimalen Elements*, bei der in der Kostentabelle das kleinste Element gesucht wird (im konkreten Fall die „1" in Zeile 2 und Spalte 3). Dieses Feld wird maximal belegt, hier mit 5 Transportladungen, denn mehr braucht der Windpark W_3 nicht, sodass von der Produktion der Fertigungsstätte F_2 noch 6 Ladungen übrigbleiben. Da der Bedarf des Windparks W_3 abgedeckt ist, kann die dritte Spalte der Tabelle gestrichen werden. Die nächstgrößere Zahl unter allen Transportkosten ist die Zahl „2" in Zeile 1, Spalte 1. In dieses Feld werden 8 Transporte eingetragen. Damit ist auch Windpark W_1 voll versorgt und die erste Spalte wird gestrichen. Nun kommt als nächste die Zahl „4" in Zeile 3, Spalte 2 usw. Dieses Verfahren liefert einen vom obigen Vorschlag abweichenden Transportplan:

	W_1	W_2	W_3	W_4	
F_1	8			2	10
F_2			5	6	11
F_3		10		4	14
	8	10	5	12	

Bei diesem Plan betragen die Gesamt-Transportkosten $K = 8 \cdot 2 + 2 \cdot 12 + 5 \cdot 1 + 6 \cdot 9 + 10 \cdot 4 + 4 \cdot 15 = 199$ [GE].

Der zweite Transportplan liefert zwar deutlich bessere Gesamtkosten von nur noch 199 000 Euro, ob er aber bereits optimal ist oder noch weiter verbessert werden kann, muss noch untersucht werden.

Um gegebenenfalls eine bessere als die vorliegende Lösung zu finden oder aber festzustellen, dass die aktuelle Lösung optimal ist, will Alexander die *MODI-Methode* (engl. *modified distribution method*) anwenden. Da diese aber relativ zeitaufwendig ist, nimmt er die Daten mit nach Hause und rechnet dort. Am nächsten Tag kommt er freudestrahlend auf Arbeit und teilt dem Chef mit, dass er die optimale Lösung gefunden hat. Diese sieht so aus:

	W_1	W_2	W_3	W_4	
F_1	4			6	10
F_2			5	6	11
F_3	4	10			14
	8	10	5	12	

Die zugehörigen Gesamt-Transportkosten belaufen sich auf 191 000 Euro, sind also noch geringer als beim vorhergehenden Plan. Die Fertigungsstätte F_1 muss also vier Transporte zu W_1 und sechs zu W_4 schicken. Entsprechend kann man die nötigen Transporte von F_2 und F_3 zu den Windparks aus der Tabelle ablesen.

„Großartig!“, meint der Chef, „Sie haben heute frei, vielleicht finden Sie eine noch bessere Lösung“.

„Optimal ist optimal“, antwortet Alexander, „noch ‘optimaler’ geht es nicht, denn optimal bedeutet ‚der, die oder das Beste‘!“

Diese kleine Aufgabe konnte Alexander noch gut „von Hand“ lösen, bei größeren und komplizierteren Situationen mit vielen „Lieferern“ und „Empfängern“ oder mit Kapazitätsbeschränkungen bezüglich der Transportmittel geht das natürlich nicht mehr. Dann muss schon professionelle Software eingesetzt werden. Außerdem ist nicht jedes Transportproblem von der beschriebenen klassischen Art. Dann müssen zunächst geeignete Umformulierungen gefunden werden, die es erlauben, Standardmodelle und -software anzuwenden.

Eine Anwendung von Transportproblemen findet man übrigens als Teilaufgabe im Briefträgerproblem bei gerichteten Graphen, wenn es darum geht, einen gerichteten Graphen durch Einfügung zusätzlicher Pfeile zu einem Eulergraphen zu ergänzen (siehe die Geschichte auf S. 109).

27 „Wenn ich einmal reich wär' ...“

Eine kleine Insel mitten im Ozean – Palmen, Sandstrand, 100 Familien. Ein Wissenschaftler trifft ein, nicht um Urlaub zu machen, sondern um die Verteilung des Familieneinkommens der Inselbewohner und das Ausmaß an Ungleichheit zu untersuchen. Er teilt die 100 Familien in fünf gleich große Gruppen ein, von den ärmsten 20 Prozent, deren monatliches Einkommen bei durchschnittlich 100 ♡ („Inseltaler“) liegt, bis hin zu den reichsten 20 Prozent mit 1100 ♡. Zur besseren Anschaulichkeit stellt er die gewonnenen Daten in einer Tabelle dar.

Gruppe	1	2	3	4	5
Durchschnittliches monatliches Einkommen (in ♡)	100	140	260	400	1100
Kumulatives (= aufsummiertes) Einkommen (in ♡)	100	240	500	900	2000
Kumulativer prozentualer Anteil an der Gesamtsumme	5 %	12 %	25 %	45 %	100 %

Die zweite Zeile ergibt sich, indem die Spalten der ersten Zeile sukzessive summiert werden: 100 ♡, 100 ♡ + 140 ♡ = 240 ♡ usw. Die Prozentwerte in der dritten Zeile ergeben sich, indem die zweite Zeile durch die Summe aller Einkommen, also durch 2000 ♡, geteilt wird.

Diese Zahlen werden jetzt übersichtlich in einem Diagramm dargestellt, wie es Lorenz[8] Anfang des 20. Jahrhunderts vorgeschlagen hat. Auf der waagerechten Achse erfolgt eine gleichmäßige Teilung bei 20 %, 40 % usw., auf der senkrechten Achse werden die in der 3. Zeile stehenden Anteile am Gesamteinkommen abgetragen. Diese Punkte werden miteinander verbunden, dies ergibt die *Lorenzkurve* (siehe Abbildung auf S. 72). An dieser geknickten Linie kann man beispielsweise ablesen, dass 80 % der am wenigsten verdienenden Familien lediglich über 45 % des Einkommens verfügen, während die

[8] Max Otto Lorenz (1876–1959), US-amerik. Statistiker und Ökonom.

reichsten 20 % der Familien über 55 % verfügen. Würden alle Insulaner haargenau dasselbe verdienen, würde die Lorenzkurve mit der Diagonale übereinstimmen. Andererseits kann man folgende Aussage treffen: Je größer die Fläche zwischen der Diagonale und der Lorenzkurve, desto größer der Grad der Ungleichverteilung.

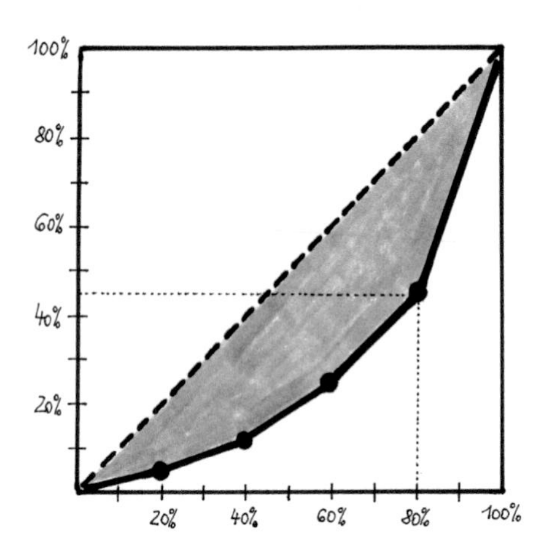

Diese Form der Darstellung mithilfe der Lorenzkurve wird gern in amtlichen Statistiken oder wissenschaftlichen Veröffentlichungen angewendet, beispielsweise, um die Einkommensverteilung in einem Land oder auch weltweit zu visualisieren. Aber auch andere Merkmale, wie etwa Marktanteile von Unternehmen, können auf diese Weise deutlich gemacht werden. Haben Sie schon einmal etwas von *Pen's Parade* gehört? Wenn nicht, so sehen Sie doch einmal bei Wikipedia nach. Es lohnt sich!

Natürlich kann man das ganze auch in Formeln darstellen, was aber für dieses Buch ausdrücklich ausgeschlossen wurde. Bei der Verwendung von Formeln kommt der sogenannte *Gini-Koeffizient*[9] ins Spiel, der – wie auch die Lorenzkurve – ein Maß zur Quantifizierung der Konzentration darstellt.

[9]Corrato Gini (1884–1965), ital. Statistiker und Demograf.

Übrigens, ein in Deutschland übliches *Armutsmaß* besagt: Eine Person, die ein Einkommen von weniger als 60 % des Medianeinkommens hat, gilt als arm. Dabei versteht man unter dem *Medianeinkommen* das Einkommen der mittleren Person (oder Gruppe) in der aufsteigend geordneten Reihenfolge aller Personen. Im Insulaner-Beispiel wäre dies das Einkommen von Gruppe 3, also 260 ♡.

In den Medien wird ziemlich häufig über dieses Maß berichtet, wobei aber meist nicht gesagt wird, dass es sich dabei um ein **relatives** Maß handelt, denn nach dieser Definition gibt es *immer* Arme, sofern nicht zumindest die untere Hälfte aller Personen über ungefähr dasselbe Einkommen verfügt (diese Situation wurde in der obigen Abbildung angedeutet). Dabei ist es völlig gleichgültig, ob es eine Gruppe von Reichen gibt oder nicht.

Im analysierten Insulaner-Beispiel hingegen sind alle diejenigen Familien als arm zu betrachten, die weniger als $\frac{60}{100} \cdot 260\,\heartsuit = 156\,\heartsuit$ verdienen, das sind die beiden ärmsten Gruppen, also immerhin 40 % der Inselbewohner.

28 Bäume und Wälder aus Mathematikersicht

In den Wäldern sind Dinge,
über die nachzudenken,
man jahrelang im Moos liegen könnte.
Franz Kafka

SIND Mathematiker und Informatiker, speziell die Graphentheoretiker, Naturfreunde? Zumindest lieben sie Bäume und Wälder, und ihre Bäume haben auch Zweige, Blätter und Wurzeln. Aber es sind keine echten Bäume, es sind Graphen mit Knoten und Kanten, und diese kommen sehr häufig in der Mathematik vor.

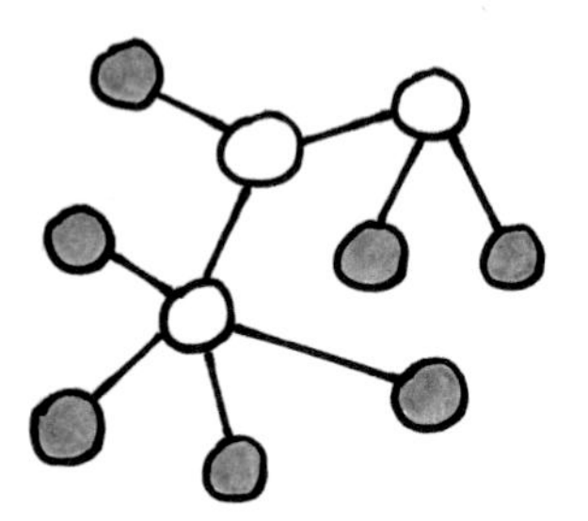

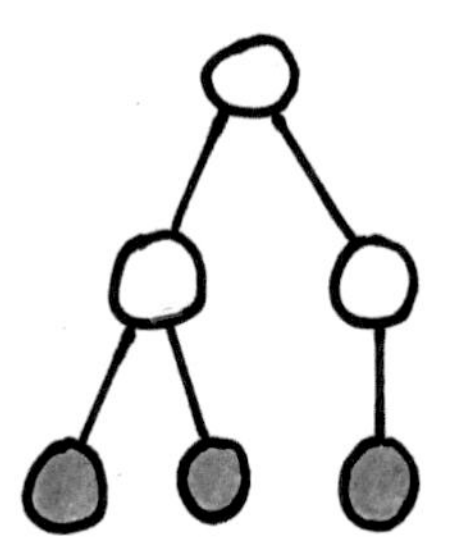

Was also ist ein Baum? Ein (ungerichteter) *Baum* ist ein zusammenhängender ungerichteter Graph, der keinen Kreis enthält. Die Randknoten, in die nur eine Kante hineinführt, heißen *Blätter* (dunkel markiert). Gehen von einem Knoten aus alle Kanten in eine bestimmte Richtung, beispielsweise nach unten, so wird dieser *Wurzel* genannt (rechts, ganz oben). Bei *Binärbäumen* führen von einem Knoten höchtens zwei Kanten hinaus, die man als Zweige ansehen könnte (rechts). Ein *Wald* (im graphentheoretischen Sinne) besteht aus mehreren Bäumen. Logisch, oder?

Ganz wichtig ist die Eigenschaft, dass ein Baum stets eine Kante weniger enthält als Knoten und dass es zwischen zwei Knoten immer nur genau einen Weg gibt.

In zusammenhängenden ungerichteten Graphen, in denen die Kanten Bewertungen tragen, sind oftmals spezielle Bäume von Bedeutung – sogenannte *aufspannende Bäume*, auch *Spannbäume* oder *Gerüste* genannt. Ein aufspannender Baum ist ein Teilgraph, der einerseits ein Baum ist und andererseits alle Knoten des ursprünglichen Graphen enthält. Meist werden Spannbäume gesucht, bei denen die Summe aller Bewertungen kleinstmöglich ist; diese werden *minimale Spannbäume* genannt.

Minimale aufspannende Bäume finden in der Praxis direkte Anwendung bei der Konzipierung kostengünstiger Netzwerke (Telefonnetze, Computernetzwerke etc.). Sie sind aber auch innermathematisch von großer Bedeutung, dienen sie doch als Bestandteil komplexerer Algorithmen – sie liefern untere Schranken für den optimalen Zielfunktionswert oder bilden den schnell zu berechnenden Ausgangspunkt für heuristische Algorithmen, etwa bei der Konstruktion einer Rundreise im Problem des Handlungsreisenden (S. 133).

Beispiel: Der folgende bewertete Graph (linke Abbildung) stellt ein Telefonnetzwerk im ländlichen Bereich dar. Alle Orte sollen demnächst mit Glasfaserleitungen verbunden werden, wobei aus Kostengründen nur die unbedingt notwendigen Leitungen entlang der alten Trassen verlegt werden sollen. Mit anderen Worten, in dem gegebenen Netzwerk-Graphen ist ein minimaler aufspannender Baum gesucht. Das Endergebnis ist in der rechten Abbildung mit dicken Linien eingezeichnet, der Lösungsweg, um zu diesem Resultat zu gelangen, wird nachstehend skizziert.

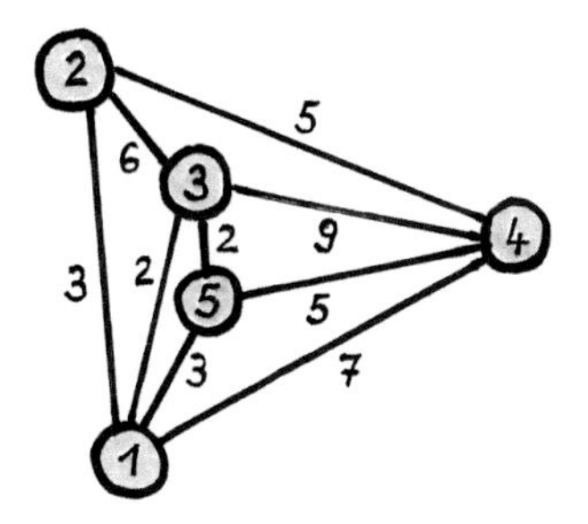

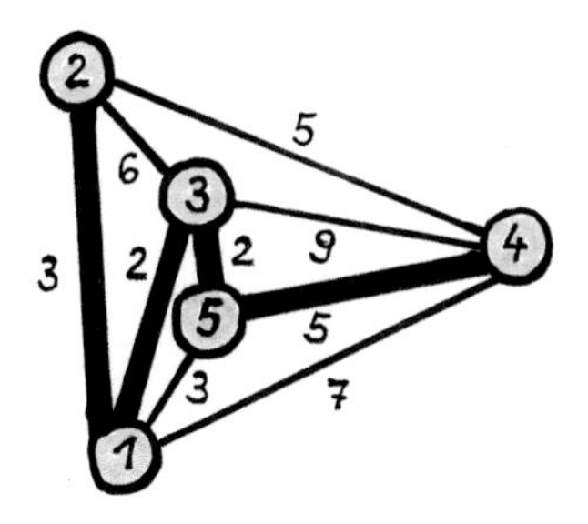

Der nachfolgend beschriebene, recht einfache Algorithmus zur Bestimmung eines Spannbaums in einem zusammenhängenden Graphen wird sehr häufig angewendet:

Algorithmus von Kruskal:

Schritt 1: Markiere die Kante mit der geringsten Bewertung. Wiederhole dann den folgenden Schritt so lange, bis alle Knoten einbezogen sind.

Schritt 2: Wähle unter den noch nicht ausgewählten Kanten des Graphen die kürzeste Kante, die mit den schon gewählten Kanten keinen Kreis bildet und markiere diese.

Die Kanten werden also in aufsteigender Reihenfolge bezüglich ihrer Bewertungen betrachtet und zu den bereits ausgewählten hinzugefügt, falls kein Kreis entsteht (Bäume enthalten ja keine Kreise) oder aber verworfen. Der Algorithmus sieht aus wie ein heuristischer Algorithmus, liefert jedoch nach nur einem Durchlauf die optimale Lösung (oder eine, falls es mehrere gibt).

Ganz so einfach, wie es scheint, ist die Sache trotzdem nicht: Bei kleinen Beispielen in grafischer Darstellung kann man schnell erkennen, ob ein Kreis vorliegt; der Computer aber kann nicht „auf die Abbildung schauen“, er benötigt einen Entscheidungsalgorithmus, ob durch die Hinzunahme einer Kante ein Kreis entsteht.

Es gibt natürlich noch weitere Algorithmen zur Ermittlung minimaler aufspannender Bäume. Die Informatiker und Mathematiker beschäftigen sich sehr intensiv mit Untersuchungen, wie viele Rechenoperationen verschiedene Algorithmen benötigen und damit einhergehend, wie schnell Lösungen gefunden werden. Das ist deshalb so wichtig, weil Aufgaben der beschriebenen Art oft als Teilprobleme in komplexeren Aufgabenstellungen auftauchen und dann tausende Male oder sogar millionenfach gelöst werden müssen. Geschwindigkeit ist gefragt – Zeit ist Geld!

Frage: Gibt es in dem obigen Graphen mit fünf Knoten noch einen weiteren minimalen Spannbaum?

Eingangs dieser Geschichte wurde gefragt, ob Mathematiker Naturfreunde sind. So allgemein kann man das natürlich nicht sagen, aber ein sehr konkretes Beispiel, wie Mathematiker zum Naturschutz beitragen können, möchte ich gern noch bringen.

Vor einigen Jahren absolvierte eine meiner Studentinnen ein Teilstudium in Schweden und schrieb dort auch ihre Diplomarbeit, gemeinsam betreut von einem schwedischen Kollegen und mir. In dieser Arbeit ging es um die Art und Weise, wie Wälder gerodet und aufgeforstet werden sollen. Dies geschah früher großflächig, hatte aber den Nachteil, dass auf den entstandenen Brachen die jungen Bäume ungeschützt waren und schlechter aufwuchsen. Daher ging die schwedische Forstwirtschaft dazu über, kleinflächiger abzuholzen, sodass ein Flickenteppich aus älteren Revieren und nachwachsenden Waldstücken entstand. Das wiederum war schlecht für die Waldtiere – Elche, Eichhörnchen und viele andere, die zusammenhängende Habitate benötigen. Aus den Fragen nach dem Wie und Wo des Abholzens entstand schließlich eine ganzzahlige Optimierungsaufgabe mit 200.000 Unbekannten, die letztendlich gelöst wurde.

Literatur:

Kruskal J.: On the shortest spanning subtree and the traveling salesman problem. In: Proc. of the Amer. Math. Society. 7 (1956), S. 48–50

29 Ein Kredit à la Tschechow

> *»Im vergangenen Jahr hatte ich bei ihr einen halben Hunderter geborgt, und jetzt zahle ich ihr jeden Monat einen Rubel.«*
>
> *A. Tschechow*
> *Mein Leben – Die Erzählung eines Provinzbewohners*

Mit diesen Worten beklagt sich der arme Handwerksmeister Andrej Iwanytsch Rettich bei einem jungen Mann und erzählt ihm, dass er aus Geldnot gezwungen war, bei der Generalswitwe und Gutsbesitzerin Jelena Nikiforowna Tscheprakowa einen Kredit aufzunehmen, und nun regelmäßig Zinsen zahlen muss.

Da drängt sich dem finanzmathematisch interessierten Leser doch sofort die Frage auf, wie hoch der Zinssatz ist und ob der Kredit überteuert ist. Nun findet man in Tschechows Erzählung keine weiteren Details zu diesem Kredit, was in einem belletristischen Werk wohl auch eher verwunderlich wäre.

Um den Effektivzinssatz dieser Finanzierungsvereinbarung berechnen zu können, müsste man die Bedingungen konkretisieren, indem gewisse Annahmen getroffen werden. Zunächst wird davon ausgegangen, dass die monatlichen Zahlungen jeweils am Monatsende erfolgen, wie das bei Krediten üblich ist. Weiter soll zunächst vorausgesetzt werden, dass **nur Zinsen** gezahlt werden und keine Tilgung erfolgt, was finanzmathematisch bedeuten würde, dass es sich um eine *ewige Rente* handelt.

Da – wie mehrfach betont – alle Formeln aus diesem Buch verbannt wurden, kann hier nur eine grobe Überschlagsrechnung durchgeführt werden, die aber aussagekräftig genug ist. Effektivzinssätze sind, sofern nichts anderes vereinbart wurde, immer auf das **Jahr** bezogene Zinssätze. Der pro Monat vom Handwerksmeister Rettich zu zahlende Rubel entspricht zwölf Rubeln pro Jahr, was bei der Kredithöhe von 50 Rubeln einem Zinssatz von ungefähr 24 % entsprechen würde.

Moment mal! Warum ungefähr? Zwölf dividiert durch fünfzig ist doch gleich 0,24! Ja, aber in der Finanzmathematik ist der Zeitpunkt, zu dem eine Zahlung erfolgt, wichtig, und die Zahlungen sind vereinbarungsgemäß jeweils am Monatsende fällig. So könnte die Kreditgeberin Tscheprakowa die Januarrate auf der Bank anlegen und für 11 Monate Zinsen dafür kassieren, die Februarrate würde 10 Monate lang verzinst usw. Auf diese Weise kommt am Jahresende ein größerer Betrag als zwölf Rubel zusammen, was wiederum zur Folge hat, dass der effektive Jahreszinssatz höher als 24 % ist. Wie hoch er genau ist, hängt davon ab, welche Art der Verzinsung zugrunde gelegt wird, gängig sind die *lineare* und die *exponentielle* Verzinsung (Näheres siehe Luderer).

Das ist in der Tat ein sehr hoher Zinssatz, den die Generalswitwe vom armen Malermeister Rettich verlangt!

Etwas besser würde es aussehen, wenn man unterstellt, dass der Betrag von einem Rubel, der monatlich zu zahlen ist, nicht nur aus Zinsen besteht, sondern auch einen Tilgungsanteil enthält, sodass beispielsweise nach zehn Jahren die gesamte Schuld getilgt ist. Zur Berechnung würde man in diesem Fall entsprechende Formeln aus der *Tilgungsrechnung* benötigen. Außerdem musss man numerische Lösungsverfahren anwenden, also „Löwen fangen“ (S. 20).

Fragen: a) Wie hoch sind die Gesamtzahlungen des Kreditnehmers, wenn der Kredit nach zehn Jahren vollständig getilgt ist?

b) Wird der Effektivzinssatz bei einer vollständigen Tilgung nach nur fünf Jahren höher oder niedriger sein als der bei einer Tilgung innerhalb von zehn Jahren?

c) Ist eine vollständige Tilgung in weniger als fünf Jahren möglich?

Literatur:

Luderer B.: Starthilfe Finanzmathematik. 4. Auflage. Springer Spektrum, Wiesbaden 2015

Tschechow A.: Aus den Notizen eines Jähzornigen. Erzählungen. Verlag Philipp Reclam jun., Leipzig 1984, S. 155 ff.

30 Richtig gerechnet – falsches Ergebnis?

Die Lösung ist immer einfach,
man muss sie nur finden.
Alexander Solschenizyn, russ. Schriftsteller

NIKLAS soll einen Vortrag im Mathematikunterricht zur beschreibenden Statistik halten und selbst ermittelte empirische Daten übersichtlich darstellen. Er überlegt: „Was interessiert meine Mitschüler? Na klar, Autos!"

So stellt er sich an eine Straße und notiert sich, wie hoch der Anteil bestimmter Farben an den vorbeikommenden Kfz ist. Jedesmal macht er einen Strich. Nach zwei Stunden zählt er zusammen – es sind 453 silberfarbene, 359 schwarze, 263 weiße, 166 blaue und 59 grüne Fahrzeuge. Er entscheidet sich, diese Anteile anhand eines *Kreis-* bzw. *Tortendiagramms* zu verdeutlichen. In einem solchen Diagramm kann man anhand der Größe der Kreissektoren die Anteile der einzelnen Fahrzeugfarben an allen beobachteten Autos anschaulich darstellen. Selbstverständlich müssen alle Sektoren zusammen den gesamten Kreis bzw. alle Zahlenwerte in der Summe 100 Prozent ergeben.

Zunächst berechnet er auf drei Nachkommastellen genau den Anteil jeder Farbe an allen Autos (in Prozent); das sind die Zahlen in der ersten Spalte. So exakt kann er das natürlich nicht darstellen, daher rundet er einfach alle Zahlen ab. Genauigkeit ist leider nicht Niklas' Stärke:

Farbe	Exakte Werte	abgerundet (ganzzahlig)
silbern	34,846	34
schwarz	27,615	27
weiß	20,231	20
blau	12,769	12
grün	4,538	4

Dann überträgt er die Werte in ein Kreisdiagramm – fertig! Hausaufgaben erledigt. Am nächsten Tag hält Niklas seinen Vortrag. Seine Mitschülerin Sophie ist immer sehr aufmerksam, meldet sich und meint: „Aber die Summe aller Zahlen ergibt doch nur 97! Da kann etwas nicht stimmen."

Niklas wird rot und erwidert: „Oh, pardon! Ich muss wohl sorgfältiger runden. Ich rechne vielleicht lieber mit einer Nachkommastelle." Er erhält 34,8; 27,6; 20,2; 12,7 und 4,5, aber deren Summe beträgt immer noch nicht 100 Prozent, wenn sie auch mit 99,8 Prozent ziemlich nahe dran ist.

Nun greift der Lehrer leicht ärgerlich ein: „Du musst natürlich entsprechend den Rundungsregeln auf ganze Prozentpunkte ab- oder aufrunden, das haben wir doch gelernt."

„Okay", antwortet Niklas, „kein Problem. Das ergibt 35, 28, 20, 13, 5, in der Summe natürlich ... 101 Prozent. Moment mal, da stimmt schon wieder etwas nicht!"

Die Klasse lacht. Aber alle sind verwirrt, auch der Lehrer. Er überspielt die Situation, indem er Niklas beauftragt, bis zur nächsten Mathestunde das Problem vernünftig zu lösen.

Zu Hause macht sich Niklas schlau. Er erkennt erstaunt, dass die Problematik mit den Prozenten eine Frage ist, die auch im Rahmen der *Sitzverteilung* in einem Parlament nach Wahlen auftritt, eine Fragestellung, mit der sich schon die ersten amerikanischen Präsidenten befasst haben und die immer noch aktuell ist, sei es bei Wahlen zum Bundestag, zu Landtagen oder zu Schülervertretungen. Wenn man die Prozentzahlen der einzelnen Parteien oder Gruppen in eine vorgegebene Zahl von Sitzen umrechnet (in unserem Beispiel: auf 100 Prozent), wird das in aller Regel nicht aufgehen. Dann muss man sich Gedanken darüber machen, wie Bruchteile gerecht aufteilt werden sollen.

Es gibt bei Weitem nicht nur eine Methode, wie Bruchteile von Sitzen verteilt werden können, und jede hat ihre Vor- und Nachteile. Niklas erinnert sich, etwas Ähnliches im Fernsehen gesehen zu haben, als bei der Hochrechnung am Wahlabend die Sitze der einzelnen Parteien im Bundestag visualisiert wurden. Nach einigem Überlegen entscheidet er sich für die folgenden drei Methoden, wobei die Ergebnisse in der weiter unten stehenden Tabelle aufgeführt sind. Dabei bedeuten a_i die Anzahl von Autos in der jeweiligen Farbe i, während die Größe a die Gesamtzahl an Autos beschreibt.

Methode der größten Reste (Hare'sches Verfahren[10]): Berechne für jede Autofarbe den Quotienten $q_i = a_i/a$, d. h. die exakte Prozentzahl. Notiere davon den ganzen Anteil (das entspricht dem Abrunden). Verteile die restlichen Prozentpunkte in der nach den größten Resten gebildeten Reihenfolge. Beim letzten Prozentpunkt entscheidet bei Gleichheit das Los.

Dieses Verfahren wurde und wird breit angewendet, z. B. im 19. Jahrhundert in der Schweiz und heutzutage bei den Wahlen zum Bundestag.

Modifizierte Methode der größten Reste: Berechne für jede Autofarbe den Quotienten $q_i = a_i/a$. Notiere davon den ganzen Anteil. Berechne nun für jede Farbe i den Quotienten aus dem Nachkommaanteil und der Zahl a_i. Verteile die restlichen Prozentpunkte in der Reihenfolge dieser Quotienten, beginnend mit dem größten.

Im Unterschied zum Verfahren der größten Reste werden hier die restlichen Prozentpunkte nicht entsprechend der Differenz zwischen exakter Quote und deren ganzzahligem Anteil verteilt, sondern dieser Rest wird **relativ** bezüglich der Zahl der Autos der jeweiligen Farbe gewichtet.

Größter Durchschnitt: Berechne für jede Autofarbe den Quotienten $q_i = a_i/a$. Notiere davon den ganzen Anteil (sog. *Vorabprozente*). Bilde nun für jede Farbe i den Quotienten aus a_i und den Vorabprozenten. Verteile die restlichen Prozentpunkte in der Reihenfolge dieser Quotienten, beginnend mit dem größten.

[10] Thomas Hare (1806–1891), britischer Jurist.

Der betrachtete Quotient sagt aus, auf wie viele Autos der jeweiligen Farbe ein Prozentpunkt entfällt. Ist diese Zahl sehr groß, ist die entsprechende Farbe schlechter gestellt als andere Farben mit kleineren Quotienten. Daher wird diese Farbe vorrangig bei der Verteilung der restlichen Prozentpunkte berücksichtigt.

Ohne Details der Berechnung anzugeben, sind die Endergebnisse der drei beschriebenen Verfahren in der nachfolgenden Tabelle dargestellt. Man bemerkt, dass das zweite und das dritte Verfahren im vorliegenden Fall zu denselben Resultaten führen; im Allgemeinen muss das nicht so sein.

Farbe	Exakte Werte	Größte Reste	Modifizierte größte Reste	Größter Durchschnitt
silbern	34,846	35	35	35
schwarz	27,615	28	27	27
weiß	20,231	20	20	20
blau	12,769	13	13	13
grün	4,538	4	5	5

Wie schon erwähnt, gibt es eine Vielzahl weiterer Verfahren der Sitzverteilung. Ihre Eigenschaften zu untersuchen und zu beschreiben, ggf. neue Verfahren zu konstruieren, die politisch nicht gewollte Eigenschaften bestehender Verfahren beheben, ist ein Gebiet, in welchem die Mathematiker ein gewichtiges Wörtchen mitreden.

Literatur:

Kopfermann K.: Mathematische Aspekte der Wahlverfahren. Mandatsverteilung bei Abstimmungen. BI Wissenschafts Verlag, Mannheim 1991

31 Eine Taube zu viel

Sind Sie vielleicht Taubenzüchter und stolzer Besitzer eines Taubenschlags? Nein? Macht nichts! Dann stellen Sie sich einfach vor, Sie wären Taubenzüchter und Ihr Taubenschlag hat 100 Zellen für 100 Tauben. Nun kommt Ihnen von irgendwoher noch eine Taube zugeflogen. Wo sollen Sie diese unterbringen? Es hilft alles nichts, in einer der Zellen müssen zwei Tauben wohnen, genauer: in mindestens einer der Zellen müssen mindestens zwei Tauben leben.

Oder Sie sind stolzer Besitzer eines Hotels mit 50 Zimmern (im Unterschied zur Geschichte auf S. 46 hat Ihr Hotel also nur **endlich** viele Zimmer), die ankommende Reisegruppe besteht jedoch aus 51 Touristen, die alle ein Einzelzimmer verlangen. „Das geht nicht", bedauern Sie, „in mindestens einem der Zimmer müssen mehr als eine Person wohnen."

„Ist doch logisch", werden Sie sagen, was hat das schon groß mit Mathematik zu tun?"

Stimmt, aber so einfach es klingt, so nützlich und wirksam ist der sog. *Dirichlet'sche*[11] *Schubfachschluss*, auch *Taubenschlagprinzip* (engl. *pigeonhole principle*) genannt. Die ursprüngliche Formulierung lautete: „Hat man einen Schrank mit n Schubfächern, aber $n+1$ Gegenstände, so müssen in mindestens einem Schubfach mehr als nur ein Gegenstand untergebracht werden." Es findet vielfältige Anwendung in der diskreten Mathematik, um Aussagen über endliche Mengen zu treffen, beispielsweise Existenzbeweise, die wiederum die Grundlage für Algorithmen und deren Durchführbarkeit bzw. Endlichkeit bilden.

Einige Beispiele (bitte nicht „bierernst" nehmen!):

- In einem Raum befinden sich 13 Personen. Stimmt es, dass es unter ihnen mindestens zwei gibt, die im selben Monat Geburtstag haben? Natürlich stimmt das, denn das Jahr hat nur 12 Monate.
- Ein Mathematiker behauptet: „Es gibt mindestens zwei Einwohner von Dresden, die am 10.10.2017, 10:10 Uhr, die gleiche Anzahl an

[11] Johann Peter Gustav Lejeune Dirichlet, deutscher Mathematiker (1805–1859).

Haaren auf dem Kopf hatten." Wozu diese Aussage gut sein soll, weiß nur der Mathematiker allein, aber sie ist zumindest verblüffend.

Und sie stimmt! Dazu muss man wissen, dass ein Mensch maximal 100.000 bis 150.000 Haare auf dem Kopf hat; für eine europäische Frau findet man beispielsweise Angaben von ca. 120.000 Haaren. (Wie das die Wissenschaftler ermittelt haben, ist unklar, vermutlich haben sie einer Testperson den Skalp abgezogen und dann in Ruhe gezählt.) Weiterhin spielt die Einwohnerzahl von Dresden eine Rolle, die zurzeit etwa 550.000 beträgt. Nun macht man ein Gedankenexperiment. Wüsste jedermann genau, wie viele Haare er zu dem angegebenen Zeitpunkt auf dem Kopf hat, so könnte man die Dresdner antreten lassen: Als erster die oder der mit null Haaren, dann mit einem Haar, mit zwei Haaren (sofern es solche Einwohner gibt) usw. spätestens bei der- oder demjenigen mit 150.000 Haaren wäre Schluss, dann käme jemand mit einer Haarzahl, die schon einmal da gewesen ist – und schon haben wir die beiden Gesuchten. Wir wissen zwar nicht, wer es ist, und auch nicht, wie viele Haare sie auf dem Kopf haben, aber die oben aufgestellte Behauptung ist bewiesen. Das nennt der Mathematiker *Existenzbeweis.*

- Jemand hat eine Schublade voller Socken, zehn schwarze und zehn graue. Ohne hinzuschauen entnimmt er daraus Socken. Wie viele muss er herausnehmen, um garantiert zwei gleichfarbige zu haben? Es genügen drei Socken, dann sind entweder zwei schwarze oder zwei graue darunter.

Frage: Wie viele Socken müssen aus der Schublade genommen werden, um garantiert zwei graue Socken zu erhalten?

Seien Sie versichert, lieber Leser, es gibt zahlreiche weitere, tiefgründigere Beispiele, etwa in der Graphentheorie, die die Nützlichkeit und Kraft dieses Prinzips zeigen und äußerst wichtig für die Mathematik sind.

Literatur:

Beutelspacher A., Zschiegner M.-A.: Diskrete Mathematik für Einsteiger. Bachelor und Lehramt. 5. Aufl., Springer Spektrum, Wiesbaden 2014

32 Bezeichnend

Name ist Schall und Rauch.
Goethe, Faust I

MITUNTER ist vom Mathematikunterricht in der Schule nicht viel hängengeblieben, aber dass x die „große Unbekannte" bezeichnet, das weiß man noch. Dabei müssen Unbekannte gar nicht unbedingt x heißen, auch y oder z sind möglich oder – wenn das Alphabet nicht reicht – $x_1, x_2, x_3, \ldots$.

Wichtig ist nicht der Name, wichtig ist die Bedeutung der Größe. Daher ist es sicherlich zweckmäßig, den Umsatz mit U oder die Kosten mit K zu bezeichnen, aber zwingend notwendig ist das nicht.

Im Laufe der Zeit haben sich allerdings gewisse Bezeichnungen eingebürgert, die von den meisten benutzt werden: Beispielsweise i, j, k oder n für natürliche Zahlen als Zählvariablen; α (alpha), β (beta), γ (gamma) oder andere griechische Buchstaben für Winkel im Dreieck; ε (epsilon), δ (delta) für kleine positive Größen und so weiter.

Den Vogel abgeschossen haben aber mit Sicherheit die Versicherungsmathematiker! Nachdem sich im Laufe der Jahrzehnte bereits bestimmte Bezeichnungen für charakteristische Größen in der Versicherungsmathematik herausgebildet hatten, wurden diese auf einem internationalen Kongress in den 1950er Jahren vereinheitlicht. Darunter finden sich solche herrlichen Exemplare wie diese:

$$_{s-m|}\ddot{a}^{(k)}_{x+m:\overline{n-m}|} \quad \text{oder} \quad _{t|n}\bar{A}^{1}_{y}$$

Da geht es um wiederkehrende Erlebensfallleistungen oder eine einmalige Todesfallleistung, da werden Zahlungen um mehrere Jahre aufgeschoben und zeitlich befristet, sie erfolgen unterjährig bzw. vorschüssig, es werden weibliche oder männliche Versicherte betrachtet usw. Wohlgemerkt, es handelt sich jeweils nur um **eine einzige** Größe. Wahrhaft bemerkenswert!

Lieber Leser, ist Ihnen aufgefallen, dass die linke obere Ecke der zwei dargestellten versicherungsmathematischen Größen noch frei ist? Da geht doch noch was!

33 „Entspann dich, Hase!"

Dieser Lieblingsausspruch von Hape Kerkeling lässt sich gut auf eine häufig in mathematischen Algorithmen auftretende Vorgehensweise übertragen – die *Relaxation*, die unter anderem in der ganzzahligen linearen Optimierung sowie in Entscheidungsbaumverfahren Anwendung findet. Zu den letzteren gehört das oft genutzte *Branch-and-Bound-Verfahren*, auf gut Deutsch – das Verfahren des Verzweigens und Begrenzens (oder: der Zweige und Schranken). In dieser, vor allem in der diskreten Optimierung häufig angewendeten Methode, geht es darum, ein großes, kompliziertes Minimierungsproblem zu zerlegen in einfachere, kleinere Aufgaben, die sich leichter und schneller lösen lassen. Um zu entscheiden, welche der Teilprobleme weiter verfolgt und zerlegt werden sollten bzw. bei welchen dies keinen Zweck hat, muss man schnell zu berechnende untere Schranken für den Minimalwert einer Funktion finden.

Was das mit Entspannung zu tun hat, fragen Sie ungeduldig?

Geduld, Geduld! Zunächst müssen wir noch darüber sprechen, was eine Optimierungsaufgabe ist.

Sucht man von einer Größe bzw. Funktion den besten Wert, das Optimum, so muss man unbedingt dazu sagen, in welcher Menge man sucht, was die Vergleichsobjekte sind. In der Sprache der Optimierung liest sich das beispielsweise so:

> Finde den kleinsten Funktionswert $f(x)$ der Funktion f unter allen Punkten x, die zu einer gegebenen Menge G gehören.

Nun wird eine weitere Menge H betrachtet, die die Menge G enthält, aber umfassender ist. Dann kann man sich leicht überlegen, dass der kleinste Funktionswert der Funktion f über der (größeren) Menge H niemals schlechter sein kann als der über G, in der Regel aber besser, sprich: kleiner, ist. Die umseitige Abbildung soll dies verdeutlichen.

Unter allen Punkten, die zur Menge G (das ist das kleine, auf der x-Achse liegende Intervall) gehören, liefert der Punkt x^* den kleinsten Funktionswert. Im vorliegenden Fall ist x^* ein Randpunkt des Intervalls G; bei einer anderen Form der Funktion f könnte das Minimum auch im Inneren von G liegen. Allerdings gibt es in der umfassenderen Menge H Punkte, die einen kleineren Wert als $f(x^*)$ besitzen; den besten Funktionswert innerhalb der Menge H weist der Punkt x^{**} auf, wobei $f(x^{**}) < f(x^*)$ gilt. Der Wert $f(x^{**})$ stellt dann eine **untere Schranke** für den Wert $f(x^*)$ dar. Und genau eine solche untere Schranke wird in vielen Algorithmen gesucht.

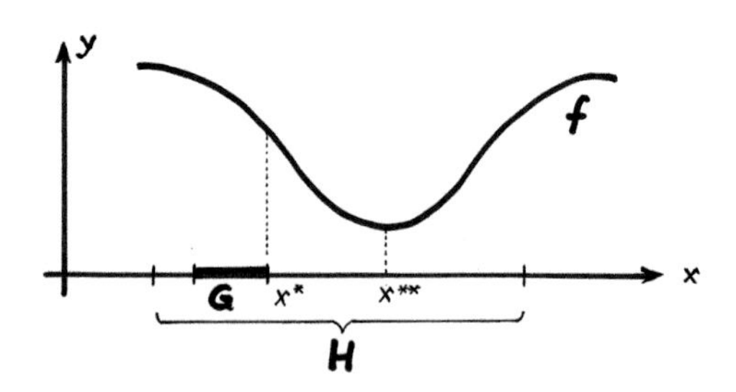

„Und wie hängt das alles mit Entspannung zusammen?", werden Sie vielleicht wieder fragen.

Hier ist die Antwort. Das englische Verb „relax" bedeutet nämlich nicht nur „entspannen, ausruhen", sondern auch „abschwächen" oder „lockern". Und in diesem letzteren Sinne wird es in der Mathematik gebraucht. Schwächt man nämlich die Bedingung ab, dass die Punkte x in der (kleineren) Menge G liegen müssen und fordert nur noch, dass sie zu H gehören sollen, so werden die sog. *Nebenbedingungen* oder *Restriktionen* abgeschwächt bzw. gelockert – man erhält eine *Relaxation* der ursprünglichen Aufgabe.

Zur Verdeutlichung dieses Zugangs soll anhand eines Beispiels aus dem täglichen Leben nochmals auf andere Weise versucht werden, den Begriff der Relaxation zu erläutern.

Autokauf: Marvin möchte ein Auto kaufen und sucht auf einer Internet-Plattform einen Gebrauchten seines Wunschtyps. Er soll höchstens ein Jahr alt sein, maximal 7000 km Laufleistung haben, ein Automatikgetriebe besitzen, marineblau sein und im Umkreis von 20 km seines Wohnorts angeboten werden.

Die Antwort lautet: Der Preis beträgt mindestens 24.000 €.

„Viel zu teuer“, seufzt Marvin. Schweren Herzens lässt er nun jede Farbe zu, erweitert die maximale Laufleistung auf 12.000 km und die mögliche Entfernung des Händlers vom Wohnort auf 200 km. Er schwächt also seine Forderungen ab, sodass die neue Suchanfrage eine Relaxation der ersten ist.

Und tatsächlich, er findet jetzt einen silberfarbenen Jahreswagen bei einem Händler, der 160 km von Marvin entfernt seine Niederlassung hat, für einen Preis von 20.900 €. „Ist immer noch viel Geld, aber immerhin besser“, denkt Marvin. Der Preis hat sich verringert, und das war sein Ziel.

Ist also H eine Menge, die die Menge G enthält, so stellt in dem beschriebenen Sinn die Aufgabe

Finde das Minimum von $f(x)$ über der Menge H!

eine Relaxation der Optimierungsaufgabe

Finde das Minimum von $f(x)$ über der Menge G!

Dabei wird die Menge H so gewählt, dass die Relaxationsaufgabe leichter zu lösen ist als die ursprüngliche Aufgabe. Ist beispielsweise die Ausgangsaufgabe eine lineare Optimierungsaufgabe mit Ganzzahligkeitsforderungen (solche Aufgaben sind **sehr schwer** zu lösen), so wird in der Relaxation die Forderung, dass alle Variablen ganzzahlig sein sollen, weggelassen. Die entstehende lineare Optimierungsaufgabe ist dann deutlich schneller lösbar als die Ausgangsaufgabe, und der Funktionswert ihrer optimalen Lösung liefert eine *untere Schranke* der ursprünglichen Minimierungsaufgabe (bzw. *obere Schranke*, falls es sich um eine Maximierungsaufgabe handelt).

34 Schnell ans Ziel

Nur wer sein Ziel kennt,
findet den Weg.
Laotse, chinesischer Philosoph

KATHARINA ist zurzeit Praktikantin in einem großen Maschinenbaubetrieb. Sie arbeitet in einem Projekt, welches die Produktionsabläufe verbessern soll, insbesondere die zahlreichen innerbetrieblichen Transporte. Ihre spezielle Aufgabe besteht darin, zwischen jeweils zwei Punkten des Transportnetzes die kürzeste Verbindung zu finden oder nachzuweisen, dass der aktuell benutzte Weg tatsächlich der kürzeste ist.

Aus ihrem Masterstudium Wirtschaftsmathematik kennt Katharina den *Dijkstra-Algorithmus*[12], der haargenau zu ihrer Aufgabenstellung, dem *Problem des kürzesten Weges* passt. So sammelt sie zunächst alle benötigten Daten, zeichnet das Wegenetz auf bzw. stellt es im Coputer geeignet dar und implementiert den Algorithmus. Nachdem sie alle Ergebnisse hat, stellt sie diese ihren Kolleginnen und Kollegen vor. Diese möchten natürlich wissen, wie Katharina auf ihre Resultate gekommen ist. So bereitet sie für den nächsten Tag eine kleine Präsentation vor.

Zunächst stellt Katharina den Dijkstra-Algorithmus zur Ermittlung des kürzesten Weges zwischen einem Startknoten S und einem Zielknoten Z vor. Dessen Idee besteht darin, eine „Wellenfront“ zu erzeugen, die den jeweils kürzesten Weg zwischen Start- und aktuellem Knoten repräsentiert. Ein einmal berechneter Abstand zu markierten Knoten wird nicht mehr geändert, bei einem nicht markierten Knoten kann sich die Bewertung, d. h. der aktuell kürzeste Weg zu ihm, während der Abarbeitung des Algorithmus durchaus ändern, nämlich verringern. Ist der Zielknoten markiert, kann der Algorithmus abgebrochen werden.

Bezeichnungen: a – aktueller Knoten, $b(i,j)$ – Länge der Kante (i,j), $d(i)$ – Bewertung des Knotens i = aktuell kürzester Weg zwischen den Knoten S und i, $v(i)$ – direkter Vorgänger des Knotens i.

[12] Edsger Wybe Dijkstra (1930–2002), niederländischer Informatiker.

Dijkstra-Algorithmus:
Gegeben sei ein ungerichteter, bewerteter Graph mit positiven Bewertungen. Gesucht ist der kürzeste Weg von S nach Z.
Startschritt: Der Startknoten wird aktueller Knoten: $a = S$, er wird markiert und erhält die Bewertung $d(a) = 0$, alle anderen Knoten erhalten die Bewertung $d(i) = \infty$.
Allgemeiner Schritt: Überprüfe für alle noch nicht markierten Nachbarknoten i von a, ob der „Umweg" über a eine bessere Bewertung liefert als die aktuelle, d. h., ob gilt $d(a) + b(a, i) < d(i)$. Falls ja, so verringere die Bewertung auf $d(a) + b(a, i)$ (= aktuell kürzester Weg zu i) und merke dir den aktuellen Vorgänger: $v(i) = a$.
Wähle unter allen noch nicht markierten Nachbarn von a den mit der geringsten Bewertung aus und markiere ihn. Er wird der neue aktuelle Knoten. Wiederhole den allgemeinen Schritt so lange, bis der Knoten Z markiert ist. ENDE.
Die Bewertung $d(Z)$ des Zielknotens Z stellt die Länge des kürzesten Weges von S zu Z dar. Über die jeweiligen Vorgänger der Knoten kann der kürzeste Weg ermittelt werden.

„Wem das zu kompliziert war, der versteht den Ablauf des Algorithmus ganz bestimmt an dem folgenden kleinen Beispiel", beruhigt Katharina ihre Kollegen. „Gesucht ist der kürzeste Weg von Knoten 1 zu Knoten 4."

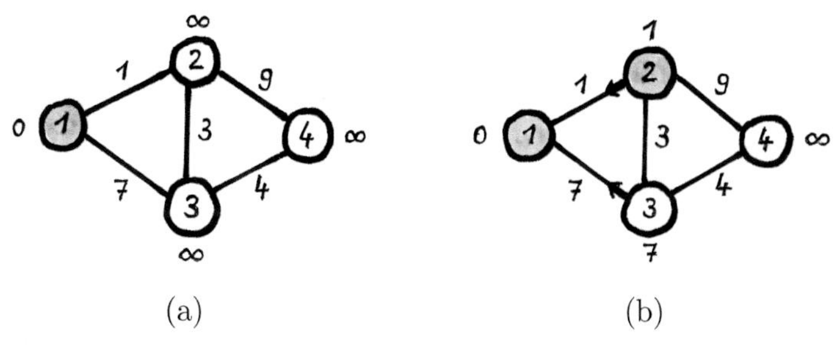

(a) (b)

„Bei einem so kleinen Beispiel kann man die optimale Lösung schon durch 'scharfes Hinschauen' erkennen," erläutert Katharina. „Aber bei einem großen Beispiel bzw. bei Beispielen, die nicht grafisch dargestellt, sondern im Computer in Files abgespeichert sind, geht das natürlich nicht. Da benötigt man schon einen Algorithmus. Also, ich beginne: Der aktuelle Knoten ist der Startknoten 1, er wird markiert (Abb. (a)). Seine noch nicht markierten Nachbarn sind die Knoten 2 und 3, deren Bewertungen zunächst ∞ sind. Demzufolge ist der „Umweg" über den Knoten 1 (ganz am Anfang ist das der direkte Weg) kürzer. Daher verringert sich Bewertung beider Nachbarknoten:

$$d(2) = d(1) + b(1,2) = 0+1 = 1, \qquad d(3) = d(1) + b(1,3) = 0+7 = 7.$$

Ihr Vorgängerknoten ist jeweils der Knoten 1: $v(2) = 1$, $v(3) = 1$. Nun wählen wir den Knoten mit der kleinsten Bewertung aus, das ist der Knoten 2, und markieren ihn. Er ist jetzt der „aktuelle" Knoten (Abb. (b)). Noch nicht markierte Nachbarn von Knoten 2 sind die Knoten 3 und 4 mit den Bewertungen $d(3) = 7$ und $d(4) = \infty$. Wieder ist in beiden Fällen der „Umweg" über den aktuellen Knoten 2 kürzer und führt zu einer verringerten Knotenbewertung:

$$d(3) = d(2) + b(2,3) = 1+3 = 4, \qquad d(4) = d(2) + b(2,4) = 1+9 = 10.$$

Ihr Vorgängerknoten ist jeweils der aktuelle Knoten 2 (Abb. (c)). Achtung: Bei Knoten 3 hat sich der Vorgängerknoten geändert.

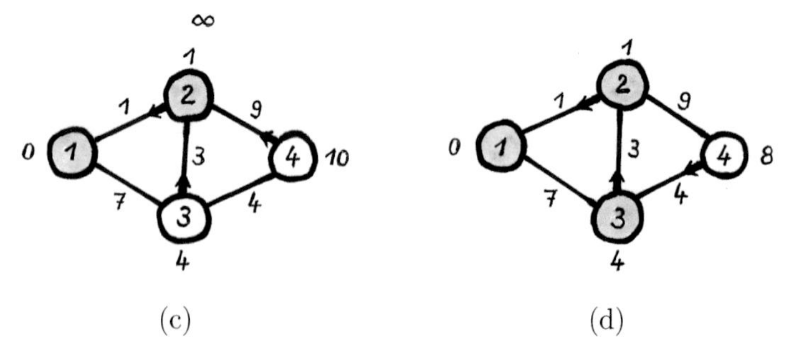

(c) (d)

Jetzt wird das Minimum der unmarkierten Nachbarknoten des aktuellen Knotens (im Augenblick ist das Knoten 2) gesucht, das ist der Knoten 3 mit der Bewertung $d(3) = 4$. Er wird markiert und fungiert jetzt als aktueller Knoten (Abb. (d)).

Nun sind wir auch schon fast am Ziel, denn es gibt nur noch einen unmarkierten Nachbarknoten von Knoten 3, und das ist der Knoten 4 mit der Bewertung $d(4) = 10$. Der Weg über den Knoten 3 bringt eine Verringerung seiner Bewertung auf $d(4) = d(3)+b(3,4) = 4+4 = 8$, einhergehend mit einer Änderung des Vorgängerknotens: $v(4) = 3$. Da er der einzige noch nicht markierte Knoten ist, liefert er die minimale Bewertung und wird markiert (Abb. (e)).

Der Zielknoten ist nun markiert; damit ist der Algorithmus beendet. Den kürzesten Weg von Knoten 1 zum Knoten 4 kann man über die jeweiligen Vorgänger ermitteln: Vom Ende zum Anfang findet man 4 – 3 – 2 – 1, folglich lautet der kürzeste Weg vom Startknoten $S = 1$ zum Zielknoten $Z = 4$: $1 \rightarrow 2 \rightarrow 3 \rightarrow 4$. Seine Länge beträgt 8.“

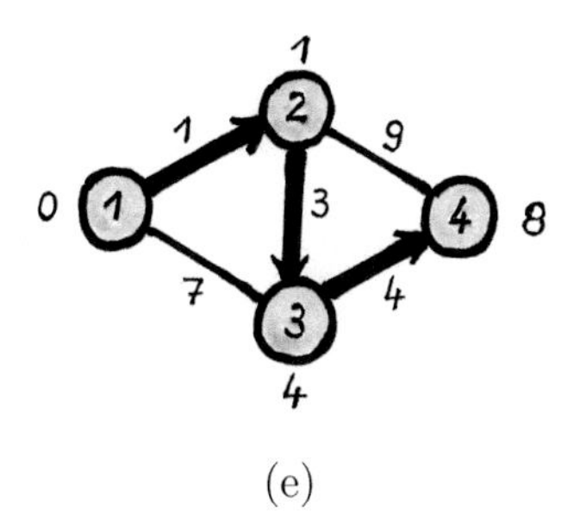

(e)

Katharina hat ihren Vortrag beendet. Sie ergänzt noch kurz: „Es gibt auch Algorithmen, die die kürzesten Wege von allen Knoten zu allen Knoten eines Graphen simultan berechnen.“ Aber das wollen die Zuhörer schon gar nicht mehr wissen.

Der Dijkstra-Algorithmus findet seine Anwendung in Routenplanern oder auch im Internet beim Routing, wenn eine Mail den kürzesten Weg vom Sender zum Empfänger durchlaufen soll. Oftmals tritt er auch als Teilproblem in anderen, umfassenderen Algorithmen auf. Schließlich sei darauf hingewiesen, dass die Kantenbewertungen nicht zwingend Entfernungen im engeren Sinne sein müssen, es kann sich auch um die Zeit, um Kosten oder anderes handeln.

35 Fuchs und Hase

Der Hase im Gebüsch
ist noch kein Braten.

Sprichwort

MEISTER Lampe war unvorsichtig und ist – wie auch immer – in einen Garten geraten, der hinten von einer hohen Mauer begrenzt wird, vorn von einem dichten Zaun. Es gibt kein Entrinnen! Und natürlich ist Reineke Fuchs nicht weit. In der Vorfreude auf leckeren Hasenbraten schnürt er heran. Selbstredend versucht er, dem Hasen so nahe wie möglich zu kommen. Das Häschen seinerseits ist mächtig erschrocken und ist bemüht, sich so weit weg wie irgend möglich von seinem Widersacher zu entfernen. Da sitzt es nun – ganz verängstigt – hinten an der Mauer, während sich der Fuchs in der Mitte vor dem Zaun postiert hat.

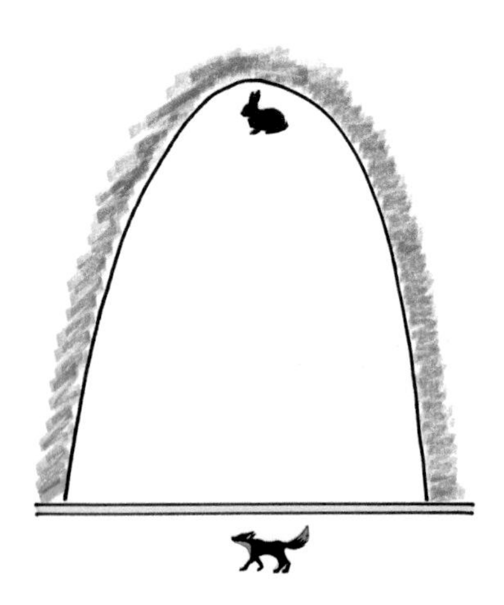

Näher kann der Fuchs niemals kommen, wenn nur Meister Lampe dort sitzen bleibt, wo er ist, und sich nicht von der Stelle rührt. Umgekehrt, weiter weg von Reineke Fuchs schafft es der Hase nicht, wenn sich der Fuchs nicht bewegt. Das liegt an der Form des Grundstücks. Es handelt sich um einen stabilen Zustand oder – wie man in der *Spieltheorie* sagt – eine *Gleichgewichtssituation* bzw. einen *Sattelpunkt*. Und genau in dieses Gebiet, die Spieltheorie, gehört die beschriebene Situation. Übrigens, „Spiele“ mit Gleichgewichtszustand sind schrecklich langweilig, denn keiner der beiden Spieler hat ein Interesse daran, diesen zu verlassen. Und so sitzen die beiden an ihren Plätzen und sitzen und sitzen ... bis das Häschen einen Spalt in der Mauer entdeckt und entwischt.

Ein neuer Tag bricht an, Meister Lampe ist guter Dinge, folgt dem Karottengeruch und ... gerät wiederum in einen Garten, der von einer Mauer und einem hohen Zaun begrenzt wird, diesmal allerdings etwas anders geformt ist.

Es dauert nicht lange und Reineke Fuchs gesellt sich hinzu, nicht gerade in friedfertiger Absicht. Beide nehmen die Positionen vom Vortag ein.

Doch als das Häschen so dasitzt und vor Angst zittert, fällt ihm auf, dass sich die Entfernung zum Fuchs vergrößern wird, sobald er seinen Platz nach rechts verlässt, wobei sich der Hase denkt: „Er wird schon sitzen bleiben.“ Das macht der Fuchs aber nicht, er rennt ebenfalls nach rechts und der Abstand verkleinert sich.

Am Rande würde die Entfernung zwischen beiden sogar null betragen. Meister Lampe jedoch bemerkt seinen Fehler, schlägt einen Haken und rennt zurück in die Gegenrichtung. Der Fuchs ist jedoch schneller und der Abstand verringert sich wieder. Nun denkt der Hase: „Ist das vielleicht gar kein Fuchs, sondern der Igel, mit dem ich schon einmal einen Wettlauf veranstaltet habe?“ So rennen sie und rennen, bis beide völlig erschöpft sind. Die Situation ist instabil.[13]

Spieltheorie – klingt das nicht interessant? Hierbei handelt es sich um ein Teilgebiet der Mathematik, in dem das Entscheidungsverhalten in Konfliktsituationen untersucht wird. Dabei hängt der erzielte Gewinn jedes Teilnehmers nicht nur von ihm selbst, sondern auch vom Verhalten und den Entscheidungen des oder der anderen Teilnehmer ab. Erste Untersuchungen befassten sich mit relativ einfachen Gesellschaftsspielen wie Mühle, Papier – Schere – Stein und ähnlichen. Sehr bekannt ist insbesondere das „Gefangenendilemma“.

Moderne Untersuchungen und zahlreiche Anwendungen findet man in den Wirtschaftswissenschaften, im Operations Research sowie in Politik, Psychologie, Sport, Militärwesen und anderen Bereichen.

Literatur:

Rieck, C.: Spieltheorie: Eine Einführung, 14. Aufl., Christian Rieck Verlag, Eschborn 2015

Steinhaus H.: Kaleidoskop der Mathematik. Deutscher Verlag der Wissenschaften, Berlin 1959

Winter S.: Grundzüge der Spieltheorie: Ein Lehr- und Arbeitsbuch für das (Selbst-)Studium. Springer Gabler, Wiesbaden 2015

[13] Dieses hübsche Beispiel stammt übrigens von Hugo Steinhaus.

36 Die Ernte auf dem Halm

Mein Sohn, sey mit Lust
bey den Geschäften am Tage,
aber mache nur solche, dass wir
bey Nacht ruhig schlafen können.

Thomas Mann: Buddenbrooks

SPEKULATION und Hedging – zwei Antipoden. Gleichzeitig sind sie die beiden wichtigsten Strategien an den Finanzmärkten. Im allgemeinen Sprachgebrauch ist der Begriff *Spekulant* sehr negativ besetzt; so erklärt der Duden dieses Wort als „Geschäftemacher (abwertend)“, während die Duden-Erklärung zum Begriff *Börsenspekulant* schon deutlich positiver ausfällt: „Jemand, der aus erwarteten Kursschwankungen Gewinne erzielen möchte.“ Ist in diesem Sinne nicht jeder Akteur an den Finanzmärkten ein Spekulant?

An der Terminbörse, wo es um *Termingeschäfte* geht, kommt ein Marktteilnehmer, der seine Positionen absichern will (*Hedging*) jedoch nicht ohne seinen Gegenpart, den Spekulanten aus, indem er künftige Risiken auf Letzteren überträgt. Dieser wird sicherlich nur dann in das Geschäft einwilligen, wenn er einen Gewinn bei angemessener Rendite erwarten kann.

Zu den historisch ersten bekannten Warentermingeschäften gehört zum Beispiel der Verkauf der „Ernte auf dem Halm“, indem ein landwirtschaftlicher Produzent die Ernte auf dem Halm per Terminkontrakt verkauft und sich mit dem vereinbarten Terminkurs einen bestimmten Erlös sichern kann, ohne Risiken einzugehen. Es ist ihm also gleichgültig, wie das Wetter werden wird, welche Ernteerträge erzielt werden und wie sich die Nachfrage nach seinem Produkt entwickeln wird. Sein Erlös ist davon unabhängig, alle Risiken hat er auf seinen Vertragspartner, den Spekulanten, übertragen. Im Gegenzug kann er freilich auch nicht auf einen evtl. erzielbaren Rekordgewinn hoffen.

Der Käufer hingegen kann (viel) gewinnen oder auch (viel) verlieren. Zudem muss er nicht unbedingt bis zur tatsächlichen Ernte warten, er kann seinen Kauf durch ein Gegengeschäft – den Wiederverkauf der Ernte – *glattstellen*, wie der Fachmann sagt. Liegt sein Kaufpreis unter dem dann erzielten Verkaufspreis, hat er einen Gewinn erzielt, liegt er darüber, hat er sich eben verspekuliert.

In Thomas Manns Roman „Buddenbrooks“ schlägt Tony, die Schwester des Senators Thomas Buddenbrook, diesem ein solches Termingeschäft vor. Herr von Maiboom, der Gatte ihrer Freundin, benötige aufgrund einer Notsituation – er hat beträchtliche Spielschulden – dringend eine größere Summe, Fünfundreißigtausend Kurantmark. Als ehrbarer Kaufmann will der Senator davon nichts wissen und seine Geschäfte entsprechend dem Motto seiner Vorfahren betreiben, damit „... wir bey Nacht ruhig schlafen können“. Er antwortet mit Worten wie „... unreinliche Manipulationen, ... im Trüben fischen, ... den Wehrlosen übers Ohr zu hauen, ihn zwingen, mir die Ernte eines Jahres gegen den halben Preis abzutreten, damit ich einen Wucherprofit einstreichen kann“.

Nach einiger Überlegung willigt er jedoch ein, ist sich aber nach wie vor unsicher: „Ach, Tony, ich wollte, ich hätte schon wieder verkauft!“ Vermutlich wollte er das Geschäft glattstellen. Er tut es jedoch nicht und muss – genau am Tage des hundertjährigen Firmenjubiläums – einen herben Verlust verbuchen: All sein investiertes Geld ist weg – ein Hagel hat das Getreide vollständig vernichtet.

Die Ausarbeitung und Anwendung mathematischer Methoden im Investment Banking sowie das Aufstellen von Modellen und das Ermitteln ihrer Lösungen mithilfe numerischer Rechenverfahren sind ein wichtiger Teil der Wirtschaftsmathematik. Die modellierten Finanzprodukte können Termingeschäfte, wie oben beschrieben, aber auch Optionen, Swaps, Zertifikate und andere Derivate sein.

Literatur:

Mann T.: Buddenbrooks. Verfall einer Familie. Fischer Taschenbuch Verlag, Frankfurt a. M. 2012

37 Gesprungen und geknickt

Mitunter begann die Mathestunde in der Schule so: „Wir zeichnen heute diese und jene Funktion“. Meist ging es um *stetige* Funktionen. Sie erinnern sich vielleicht, das sind diejenigen, die man mit dem Bleistift „ohne abzusetzen“ in einem Zug zeichnen kann, was insbesondere bedeutet, dass sie keine Sprünge aufweisen. Und tatsächlich sind die meisten wichtigen Funktionen stetig. Außerdem waren die gezeichneten Funktionen immer schön glatt, ohne jeden Knick, was wiederum bedeutet, dass sie differenzierbar waren (wem dieser Begriff nichts sagt, weil er noch nichts von Differenzialrechnung gehört hat, überliest ihn einfach).

Was jedoch einigermaßen verblüffend ist, ist die Tatsache, dass in zahlreichen praktischen und wirtschaftswissenschaftlichen Anwendungen in ganz natürlicher Weise Funktionen auftreten, die an gewissen Stellen *Sprünge* aufweisen, also *unstetig* sind. Man nennt sie auch *Sprungfunktionen*. Andere wiederum besitzen Knickstellen, sie sind nicht differenzierbar. In beiden Fällen spricht man auch von *Funktionen mit geteilten Definitionsbereichen*. Hier einige Beispiele:

Sägezahnfunktion:

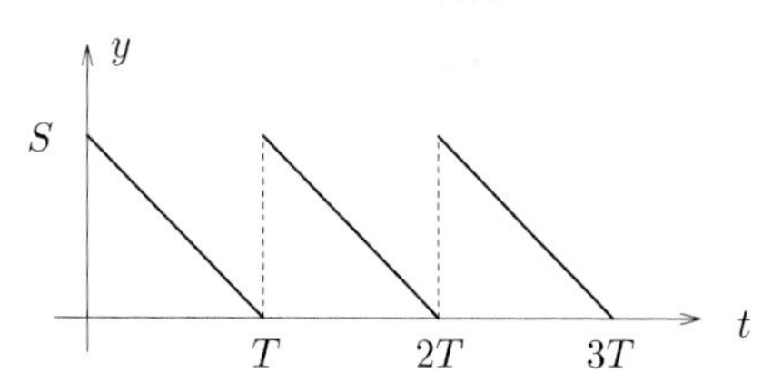

Die Funktion wird auch *Lagerbestandsfunktion* genannt. In den Zeitpunkten T, $2T$, ... wird das Lager aufgefüllt, in den dazwischenliegenden Intervallen erfolgt die Auslieferung mit konstanter Intensität.

Vorzeichenfunktion:

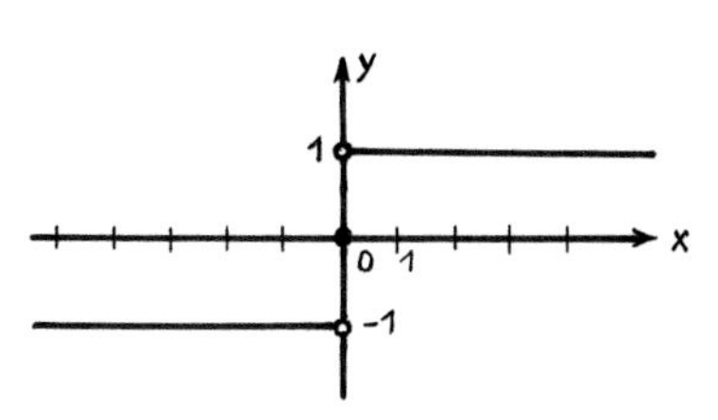

Die Funktion ordnet jeder reellen Zahl ihr Vorzeichen zu, unabhängig vom konkreten Wert des Arguments (null wird null zugeordnet). Man kann sich einen Bankcomputer vorstellen, der mithilfe dieser Funktion die Kunden in solche mit positivem und negativem Guthaben einteilt.

Ähnliche Funktionen, oftmals in Form von Stufen unterschiedlicher Höhe, findet man bei Strom-, Gas- oder Telefontarifen (Spezialfall: *flat rate*, d. h. nur eine Stufe), aber auch in Steuertarifen und ähnlichem (vgl. zum Beispiel die Geschichte auf S. 138).

Maximumfunktion:

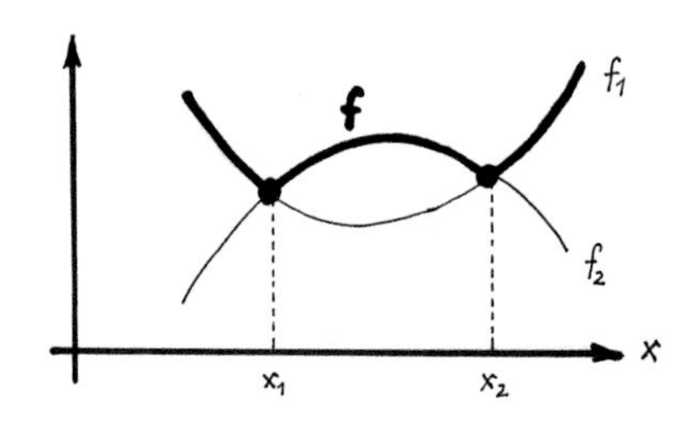

Die skizzierte Funktion $f(x)$ ist das Maximum der beiden (glatten) Funktionen $f_1(x)$ und $f_2(x)$. In jedem Punkt x wird untersucht, welcher der beiden Funktionswerte der größere ist; dieser wird genommen. Die resultierende Funktion besitzt zwei Knickstellen in den Punkten x_1 und x_2.

Man sieht, die „klassische Schulmathematik" muss gelegentlich erweitert werden, um praxistauglich zu sein.

Frage: Wie sieht die Betragsfunktion aus, die jeder Zahl ihren Absolutbetrag zuordnet, also beispielsweise der Zahl -3 den Wert 3 und der Zahl 3 ebenfalls den Wert 3?

38 Ein Auge zugedrückt

Wo es genau ist,
da muss man's genau nehmen.
Alte Volksweisheit

VIELE Aufgabenstellungen aus dem Gebiet der Optimierung zeichnen sich dadurch aus, dass in ihnen sog. *Nebenbedingungen* (auch *Beschränkungen* bzw. *Restriktionen* genannt) vorkommen. Diesen Bedingungen müssen die eingehenden Größen genügen, damit man von *zulässigen Lösungen* sprechen kann. Unter diesen wird dann die beste, die *optimale Lösung* mit den unterschiedlichsten, von der konkreten Aufgabe abhängigen Methoden gesucht.

Diese Lösungsmethoden gehen fest davon aus, dass es sich um „harte" Nebenbedingungen handelt, d. h. solche, die unbedingt erfüllt sein müssen. Im „normalen" Leben gibt es aber auch „weiche" Bedingungen, die man ohne Weiteres ein bisschen verletzen kann, ohne dass sich an der Gesamtsituation viel ändert. Nicht zuletzt darum versuchen manche Leute, mathematischen Fragestellungen und deren Lösung auszuweichen, indem sie sagen: „Wenn diese und jene Bedingung nicht hundertprozentig eingehalten wird, ist es auch nicht so schlimm, da kann man schon einmal ein Auge zudrücken. So genau schießen die Preußen nicht!" Manchmal haben diese Leute recht, oftmals auch nicht. Um dies zu erläutern, hier einige Beispiele.

Weiche Bedingungen:

• Beim Aufstellen eines Produktionsplans darf die insgesamt verfügbare Arbeitszeit nicht überschritten werden. Angenommen, es gäbe eine sehr gute Lösung, bei der anstelle der Obergrenze von 1500 Stunden zwei Stunden mehr benötigt werden. Aus praktischer Sicht sicherlich kein großes Problem, da müssen eben zwei Überstunden gemacht werden.

• Beim Tapezieren wird eine Tapetenbahn der Länge 2,50 m benötigt. Auf der letzten vorhandenen Tapetenrolle sind aber nur noch 2,49 m. Keine große Sache, mit etwas Acryl und Farbe kann man das verbergen.

• Die Freundin hätte gern ein neues Kleid, der Freund seufzt. Dann setzt er ein Limit von 70 Euro. Nun findet sie ein fantastisches Kleid, welches leider 71,99 Euro kostet. Ob sie es bekommt?

In den eben genannten Beispielen kann man also „ein Auge zudrücken", was das Einhalten von Bedingungen anbelangt.

Harte Bedingungen:

• Soll ein Kessel von exakt 300 Litern Fassungsvermögen 300,5 Liter aufnehmen, so läuft er über. Da kann man noch so sehr versuchen, das Wasser „zusammenzudrücken", es ist inkompressibel.

• Für den Kauf eines neuen Autos setzt man sich ein Limit von 18 000 Euro. Gibt man diesen Preis in eine Online-Suchmaschine ein, so wird diese – wenn sie fehlerfrei arbeitet– niemals ein Kfz anzeigen, dass 18 100 Euro kostet, auch wenn dieses vielleicht gerade ihr „Traumauto" gewesen wäre.

• Klebt man auf einen Brief von 21 g Gewicht eine normale Briefmarke und denkt: „Das merkt die Post schon nicht!", so kommt er bestimmt zurück, weil er automatisch gewogen wurde.

• Sucht man beim Bezahlen des Parkscheins am Automaten krampfhaft in der Tasche nach Münzen und kommt anstelle der geforderten 8 Euro nach langem Suchen nur auf 7,95 Euro, so wird der Automat die Ausfahrt nicht frei geben.

• Für eine Brücke sollen Stahlträger der Länge 3 m zugeschnitten werden. Es sind aber nur welche mit der Länge 2,98 m verfügbar. Diese nützen nichts, sie fallen einfach ins Wasser.

• Der Prinz im Märchen „Aschenputtel" gibt bekannt, dass er diejenige Jungfrau heiraten werde, welcher der goldene Schuh passe, der auf der mit Pech bestrichenen Schlosstreppe kleben blieb. Diese harte, unbedingt einzuhaltende Bedingung wird von Aschenputtels Stiefschwestern auf Geheiß ihrer Mutter durch die Anwendung drastischer Maßnahmen erfüllt, indem einmal die Zehe, einmal die Ferse dran glauben müssen. Allerdings verhindern die Täubchen mit dem Hinweis auf Blut im Schuh, dass die nunmehr erfüllte harte Restriktion des passenden Schuhs auch wirklich als erfüllt aufgefasst wird.

In all diesen Beispielen kann demzufolge nicht so einfach „ein Auge zugedrückt werden“, die Bedingungen sind unbedingt einzuhalten.

Bei mathematischen Modellen geht man im Allgemeinen davon aus, dass die eingehenden Restriktionen harte Bedingungen darstellen, die nicht verändert werden dürfen, denn die erstellten Modelle und Computerprogramme können ja nicht jedesmal zurückfragen, ob sie „ein Auge zudrücken“ sollen. Aus diesem Grund muss man zunächst einmal akzeptieren, dass eine mathematische Aufgabenstellung oder ein Modell so und nicht anders ist, und man darf nicht versuchen, es willkürlich abzuändern.

Natürlich sind Mathematiker nicht weltfremd. Überall, wo es möglich ist, werden auch „weiche“ Bedingungen aufgenommen, sei es mithilfe von Toleranzgrenzen oder dem mehrfachen Lösen von Aufgaben mit unterschiedlichen Beschränkungen. Ein ganzer Zweig der modernen Mathematik, die *Fuzzy-Optimierung*, das heißt *unscharfe* Optimierung, befasst sich mit Sachverhalten dieser Art. Schließlich wird in der *parametrischen* Optimierung untersucht, wie sich die optimale Lösung verhält, wenn die Eingangsparameter der Aufgabe verändert werden.

Noch eine abschließende Bemerkung zur Modellierung und den dabei einzuhaltenden Nebenbedingungen. Beim Lösen von Real-Life-Aufgaben passiert fast immer Folgendes: Zur Beschreibung des ökonomischen oder technischen Sachverhalts wird – in Zusammenarbeit zwischen Spezialisten des jeweiligen Fachgebietes und Mathematikern – ein mathematisches Modell erstellt, ein dazu passender Algorithmus entwickelt und als Computerprogramm implementiert. Dieses liefert dann eine Lösung der Aufgabe, die nun umzusetzen wäre. Jetzt treten die Spezialisten auf den Plan und kritisieren: „Diese Größe darf niemals negativ werden, jene Größe muss immer größer als 100 sein. Sorry, aber die von Ihnen berechnete Lösung ist nicht brauchbar.“

Woher sollen der „arme“ Mathematiker bzw. der „arme“ Computer denn wissen, dass diese Forderungen als „harte“ Bedingungen gelten müssen, wenn es ihnen vorher niemand sagt?

39 Ein Rucksack voller Probleme

Ich packe meinen Koffer
und nehme mit ...
Kinderspiel

Maximilian nimmt sich eine Auszeit und beabsichtigt, den Jakobsweg entlang zu pilgern. Starten wird er von Arles in Frankreich und nach ca. 1600 Kilometern und fast drei Monaten – hoffentlich gesund – in Santiago de Compostela eintreffen. Da er als Jakobspilger die einfachste und zugleich schwierigste Variante wählt und unterwegs nur in sehr primitiven Herbergen oder im Freien übernachten wird, hat er in Vorbereitung seiner Pilgerreise seinen Rucksack sehr sorgfältig zu packen.

Aus Erfahrung weiß Maximilian, dass er auf Dauer maximal 22 kg tragen kann. Nachdem er die unbedingt nötigen Gegenstände eingepackt hat, verbleiben ihm noch 10 kg zur freien Verfügung. Von allen Dingen, die potenziell Bedeutung für ihn haben, wählt er diejenigen aus, die ihm am meisten am Herzen liegen. Sein Ziel besteht darin, den insgesamt größten Nutzen zu erzielen, wobei selbstverständlich die Beschränkung hinsichtlich des Gewichts eingehalten werden soll. (Die gleiche Fragestellung könnte übrigens auch bezüglich des Volumens betrachtet werden.)

Dies ist eine typische Aufgabenstellung, die in der Mathematik als *Rucksackproblem* (engl. *knapsack problem*, von Knappsack = Reisetasche, Brotsack) bezeichnet wird. Es handelt sich um eine zwar sehr einfach zu beschreibende, aber auf keinen Fall einfach zu lösende Aufgabe der diskreten Mathematik. Zu ihrer Lösung werden neben heuristischen Verfahren hauptsächlich Methoden der *dynamischen Optimierung* verwendet.

Da die angedeuteten, exakten Lösungsverfahren relativ kompliziert und rechenaufwändig sind (und andererseits oft sehr schnell eine Lösung benötigt wird, auch wenn diese nicht notwendig optimal ist), wird insbesondere in der Praxis gern auf einen heuristischen Algorithmus zurückgegriffen. Dieser ist recht einfach und entspricht dem „gesunden Menschenverstand“, liefert aber im Allgemeinen nicht die optimale Lösung. Klar ist: Je leichter ein einzupackender Gegenstand ist und je mehr Nutzen er bringt, desto wertvoller ist er und wird bevorzugt eingepackt.

Beispiel: In einen Rucksack, der mit maximal 10 kg beladen werden darf, sollen drei Gegenstände mit einem Gewicht von 1 kg, 4 kg bzw. 6 kg und einem Nutzen von 3, 10 bzw. 14 (auf einer Nutzenskala) eingepackt werden. Alle drei kann man offensichtlich nicht mitnehmen. Bildet man die Quotienten aus Nutzen und Gewicht, erhält man die Resultate 3; 2,5 bzw. 2,33, die bereits in absteigender Reihenfolge sortiert sind. Man wird also zunächst den ersten, danach den zweiten Gegenstand einpacken. Der dritte passt dann schon nicht mehr. Die optimale Lösung hingegen lautet: Nimm den zweiten und den dritten Gegenstand mit.

Nicht nur Wanderer und Bergsteiger schlagen sich im wortwörtlichen Sinne mit dem Rucksackproblem herum, sein Anwendungsgebiet ist weitaus größer: In der Logistik ist oftmals die Lademenge (eines Lkws, Eisenbahnwaggons, Flugzeugs etc.) begrenzt und nicht alle zu transportierenden Güter können mitgenommen werden. Weiter kann man sich auch eine Rakete vorstellen, die von einem kommerziellen Betreiber gestartet wird und Equipment für Forschungsexperimente transportieren soll, wobei deren Gewicht sowie die dafür gebotene Vergütung unterschiedlich sind.

Schließlich treten Rucksackprobleme auch innermathematisch auf, beispielsweise in der Methode der Spaltengenerierung, die innerhalb der Zuschnittoptimierung angewendet wird (vgl. die Geschichte auf S. 33), wenn neue Spalten der Nebenbedingungsmatrix erzeugt werden, die neuen Zuschnittvarianten entsprechen.

Eine Verallgemeinerung des beschriebenen Rucksackproblems besteht darin, dass eine weitere Nebenbedingung berücksichtigt wird – neben dem begrenzten Gewicht ist auch noch das begrenzte Volumen zu beachten. Die Lösung solcher Problemstellungen ist natürlich entsprechend komplizierter.

40 „Lieber der Spatz in der Hand ...“?

Arbeitsamkeit ist die beste Lotterie.
Alte Weisheit

Antonia ist jung und glücklich. Sie hat in der Lotterie gewonnen! Eine monatliche Rente von sage und schreibe 7500 Euro und das ein ganzes Leben lang. Natürlich ist ihre Freude riesengroß. Zumindest anfangs. Nachdem allerdings der erste Rausch verflogen ist, überlegt sie: „7500 Euro jeden Monat – gut und schön. Aber einige Millionen sofort wären mir noch lieber. Dann könnte ich mir tolle Outfits und teuren Schmuck leisten, einen Sportwagen, vielleicht eine Villa. Und ich könnte eine Weltreise unternehmen.“

Natürlich hängt das von der Summe ab, die Antonia sofort bekäme, vorausgesetzt, dies wäre nach den Spielbedingungen überhaupt möglich. Nehmen wir also einmal an, der Gewinn kann auch in einer einzigen Summe ausgezahlt werden. Wie hoch müsste diese dann sein?

Antonia macht eine Überschlagsrechnung: „7500 Euro multipliziert mit zwölf ergibt 90 000 Euro pro Jahr. 50 bis 60 Jahre werde ich ganz bestimmt noch leben. Das hoffe ich zumindest. Ergibt 5,4 Millionen Euro.“ Sie denkt ein bisschen nach: „Und dann noch die Zinsen! Mit 10 Millionen insgesamt kann ich auf alle Fälle rechnen. Möglicherweise sogar mit einer noch größeren Summe.“

Halt! Sind Antonias Erwartungen berechtigt? Das soll jetzt mithilfe der Finanzmathematik genauer untersucht werden. Da es um regelmäßige Zahlungen geht, ist die sog. *Rentenrechnung* einzusetzen, und weil die Summe sofort gezahlt werden soll, geht es um den *Barwert*. Das wäre der Betrag, den die Lotteriegesellschaft vorhalten müsste, um daraus – inklusive anfallender Zinsen – alle zukünftigen Zahlungen leisten zu können. Dieser hängt natürlich von dem geltenden Zinssatz ab, der in der klassischen Finanzmathematik über die ganze Laufzeit hinweg konstant wäre, also 60 Jahre lang. Natürlich ist das unrealistisch, aber die Mathematik muss immer abstrahieren, um zu vereinfachen. Tatsächlich aber schwanken Zinssätze praktisch täglich und hängen auch von der Laufzeit ab. Es gibt Niedrigzinsphasen wie zurzeit, aber auch Zeiten hoher Zinssätze. Selbstverständlich ist der Barwert **niedriger** als die Gesamtsumme aller Zahlungen, denn jede einzelne Zahlung ist abzuzinsen und wird dadurch kleiner.

Nimmt man einen durchschnittlichen Zinssatz von 5 % an, so ergibt sich ein Betrag von ungefähr 1,7 Millionen Euro, in Worten: Eins Komma Sieben Millionen (die genauen Berechnungen überlassen wir den Finanzmathematikern, weil man dazu entsprechende Formeln benötigt). Überrascht? Zu wenig? Das geht den meisten Menschen so.

Auch Antonia ist enttäuscht; ihr kommt der berechnete Wert zu niedrig vor. „Dann nehme ich doch lieber die lebenslange Rente“, seufzt sie.

Die Rechnung stimmt aber! Es ist tatsächlich der korrekte Gegenwert der lebenslangen Zahlungen. Dieser erscheint nur deshalb so niedrig, weil es sich um den *Barwert* handelt, weshalb zum Vergleich der beiden Zahlungsvarianten (einmalige sofortige Zahlung versus monatliche lebenslange Überweisungen) alle zukünftigen Zahlungen mit 5 % abgezinst werden müssen. Anders argumentiert: Würde man Antonia die Summe von 1,7 Mio. Euro sofort auszahlen und sie diese zur Bank tragen und zu 5 % anlegen (sofern möglich), so könnte sie sich selbst monatlich 7500 Euro „Taschengeld“ auszahlen, während der Rest weiter verzinst werden würde. Nach 60 Jahren wäre das Kapital vollständig aufgebraucht.

Natürlich kann man auch andere Laufzeiten und Zinssätze in die Rechnung einfließen lassen, dann weichen die erzielten Resultate geringfügig ab. Dabei hat die Laufzeit einen relativ geringen Einfluss auf den Barwert. Selbst wenn Antonia „unendlich lange“ leben würde, läge bei einem zugrunde gelegten Kalkulationszinssatz von 5 % der Barwert nur unwesentlich höher bei etwa 1,8 Millionen Euro! Aus mathematischer Sicht spricht man hierbei von *ewiger Rente*. Der Einfluss des Kalkulationszinssatzes ist hingegen wesentlich größer. Je höher der zugrunde gelegte Zinssatz, desto niedriger ist der zugehörige Barwert, der zur Sicherstellung aller Auszahlungen benötigt wird.

Soweit die Theorie. Nun die Praxis. In Deutschland gibt es die Lotterie „Glücksspirale“, bei der als Hauptgewinn tatsächlich die in der Überschrift versprochenen 7 500 Euro monatlich lebenslang ausgezahlt werden. Dafür wird ein Kapitalstock von ca. 2 Millionen Euro zugrunde gelegt.

Seit 2015 wird bei den Auszahlungen nicht mehr unterschieden zwischen Frauen und Männern, Jung und Alt, obwohl die Lebenserwartung dieser Gruppen bekanntlich unterschiedlich ist. In früheren Jahren dagegen gab es gewisse Unterschiede bei der Auszahlungshöhe, je nachdem, ob der Spielteilnehmer weiblich oder männlich war. Ferner wuchsen die Auszahlungen mit steigendem Lebensalter (und damit einhergehend geringerer verbleibender Lebenserwartung) an. Um all dies korrekt darzustellen, sind relativ komplizierte versicherungsmathematische Berechnungen (vgl. bspw. Ortmann) erforderlich, deren Grundlage die jeweils aktuellen Sterbetafeln bilden. Letztere werden beispielsweise auch bei der Prämienberechnung für kapitalbildende Lebensversicherungen benötigt.

Literatur:

Ortmann K. M.: Praktische Lebensversicherungsmathematik. Mit zahlreichen Beispielen sowie Aufgaben plus Lösungen. 2. Aufl. Springer Spektrum, Wiesbaden 2015

http://www.gluecksspirale.de; abgerufen: 22.07.2017

41 Ein Briefträger liebt kurze Wege

„Sie sollten täglich nach der Arbeit eine Stunde spazierengehen“, rät der Arzt dem Patienten, „was sind Sie denn von Beruf?“ – „Briefträger.“

WOHL kein Briefträger auf der Welt möchte unnütze Wege zurücklegen, und doch gelingt es ihm leider nicht immer, jede Straße in seinem Zustellbezirk nur einmal zu durchlaufen oder -fahren. Vielmehr muss er manchen Weg zweimal oder gar mehrfach passieren, auch wenn er dort die Post bereits ausgetragen hat. Warum, soll gleich erörtert werden.

Zunächst ist es nicht schwer, sich vorzustellen, dass die kürzeste Möglichkeit für den Briefträger diejenige ist, wo tatsächlich jede Straße genau einmal durchlaufen wird, beginnend beim „Postamt“ und wieder dort endend. Die Interpretation der Aufgabe mittels eines Briefträgers ist zwar sehr anschaulich, analoge Anwendungen gibt es jedoch in zahlreichen Gebieten der Mathematik und des Lebens allgemein. Daher ist es angebracht, die Fragestellung etwas zu verallgemeinern. Dazu wird die Aufgabenstellung in die Sprache der *Graphentheorie* „übersetzt“.

Liefert der Briefträger die Post auf beiden Straßenseiten aus (was bei kleineren Straßen üblich ist), so ist es angebracht, eine Straße als *Kante* eines Graphen aufzufassen. Handelt es sich um eine Einbahnstraße, so ist ein *Pfeil* eine adäquate Umsetzung. Fährt der Briefträger auf einer sehr breiten Straße (mit Mittelstreifen) entlang, wo ein Überqueren nicht möglich ist, so hat man diese als zwei entgegengesetzte Pfeile zu interpretieren. Die Kreuzungen schließlich entsprechen den *Knoten* des Graphen.

Es soll nun angenommen werden, dass die Postauslieferung beidseits erfolgt oder, anders gesagt, dass der Graph nur Kanten enthält, sodass es sich um einen ungerichteten Graphen handelt. Dann lautet die Verallgemeinerung der Aufgabenstellung wie folgt:

Gegeben sei ein ungerichteter Graph. Gesucht ist der kürzeste Weg, der – beginnend und endend bei Knoten 1 – alle Kanten des Graphen mindestens einmal enthält.

Diese verallgemeinerte Aufgabe wird in der mathematischen Literatur *Briefträgerproblem* (engl. *chinese postman problem* genannt). Vorsicht: Die mitunter gebrauchte Übersetzung „Problem des chinesischen Briefträgers“ ist falsch! Das „chinese“ kommt daher, dass der chinesische Mathematiker Mei Ko Kwan diese Fragestellung in den 1960er Jahren als erster untersucht hat.

Eine Tour, bei der alle Kanten wirklich **genau einmal** durchlaufen werden, heißt *Eulerkreis* oder *Eulertour*. Doch nicht in jedem Graphen gibt es einen Eulerkreis. Um das einzusehen, ist es sinnvoll zu versuchen, die folgenden Figuren so mit dem Bleistift abzufahren, dass – beginnend und endend bei einem bestimmten Punkt (Knoten) – jede Linie (Kante) genau einmal benutzt wird.

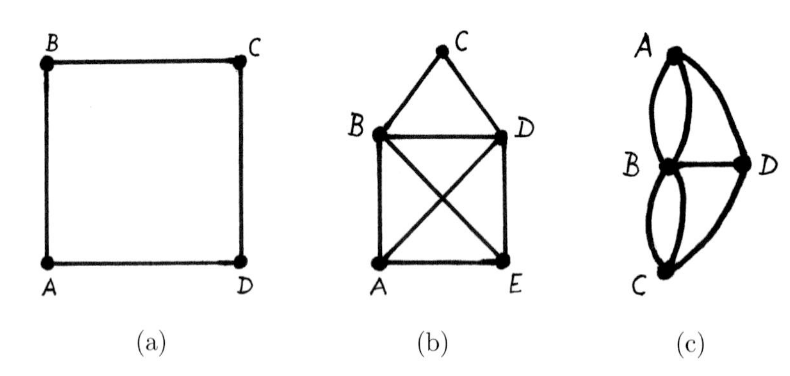

(a) (b) (c)

Bei Figur (a), einem einfachen Quadrat, ist das eine sehr einfache Aufgabe: Beginne bei A (oder B, C, D) und gehe im Uhrzeigersinn (oder auch entgegengesetzt) zu demselben Punkt zurück, beispielsweise auf dem Weg A, B, C, D. Eine solche „Rundreise“ nennt der Mathematiker *Eulerkreis*; es ist ein „Kreis“ im Sinne der Geschichte auf S. 31.

Sicherlich jeder kennt die Figur (b) – „das ist das Haus vom Nikolaus“. Zumindest solange man die dahinterstehende Regel noch nicht kennt, macht es Riesenspaß zu probieren, ob man alle Linien genau einmal durchlaufen und zum Ausgangspunkt zurückkehren kann (sog. *Eulerkreis*) oder in einem anderen Punkt aufhört (sog. *Eulerweg*). Das vertreibt die Zeit in langweiligen Unterrichtsstunden! Nach mehrfachem Probieren merkt man, dass man bei Start in A oder E einen Eulerweg finden kann, bei den anderen Punkten hingegen nicht. Einen Eulerkreis gibt es jedoch nicht. Woran das liegt, hat schon Euler im 18. Jh. beschrieben: Von A und E geht jeweils eine ungerade Zahl von Linien aus, jeweils drei, von den anderen Punkten eine gerade Anzahl, nämlich zwei bzw. vier.

Die Figur (c) schließlich kennt der Leser bereits aus der Geschichte auf S. 51, die vom Königsberger Brückenproblem handelt. In diesem Graphen besitzt jeder Knotenpunkt einen ungeraden Knotengrad. Deshalb existert weder ein Eulerkreis noch ein Eulerweg.

Was soll unser „armer“ Briefträger tun, wenn es keinen Eulerkreis gibt? Schließlich will er so wenig wie möglich laufen oder fahren.

Dieser Mangel wird dadurch behoben, dass der gegebene Graph so erweitert wird, dass ein Eulerkeis entsteht. In der Briefträger-Interpretation hieße das: Der Postbote muss manche Straßen mehrfach durchlaufen (sog. *unproduktive Strecken*). Für den Graphen bedeutet das, dass zusätzliche Kanten einzufügen sind. Welche das sind, hängt von den Bewertungen ab, denn das Einfügen soll selbstverständlich *kostenminimal* erfolgen, d. h., der „Umweg“ soll kürzestmöglich sein.

Dazu muss zunächst einmal der Begriff des *bewerteten* Graphen eingeführt werden; das ist ein Graph, dessen Kanten oder Pfeile Bewertungen besitzen: Entfernungen (vgl. die Geschichte auf S. 26), Fahrzeiten, Kapazitäten (Wie viele Autos können auf einem Autobahnabschnitt pro Minute fahren? Wie viel Wasser oder Öl kann pro Tag durch eine Leitung fließen?) etc. Besitzen die Kanten des Graphen keine Bewertung, so kann man ohne Beschränkung der Allgemeinheit (vgl. die Geschichte auf S. 38) annehmen, dass die Bewertung jeder Kante gleich eins ist.

Um das Briefträgerproblem zu lösen, wird der ursprüngliche Graph nun zu einem *Eulergraphen* (das ist ein Graph, der einen Eulerkreis besitzt) in der Weise erweitert, dass die zusätzlich zu durchlaufenden Strecken insgesamt so kurz wie möglich sind. Dazu werden alle die Knoten, die einen ungeraden Knotengrad haben, betrachtet. Zwischen je zwei dieser Knoten ist eine neue Verbindung herzustellen (*Matching* oder *Paarung*), was bedeutet, dass eine im Graphen vorhandene Kante dupliziert werden muss. Das Ziel besteht darin, ein Matching zu finden, welches eine minimale Gesamtlänge aufweist.

Zur Illustration sollen zwei Beispiele betrachten werden.

Im ersten Beispiel besitzt der Graph sechs Knotenpunkte:

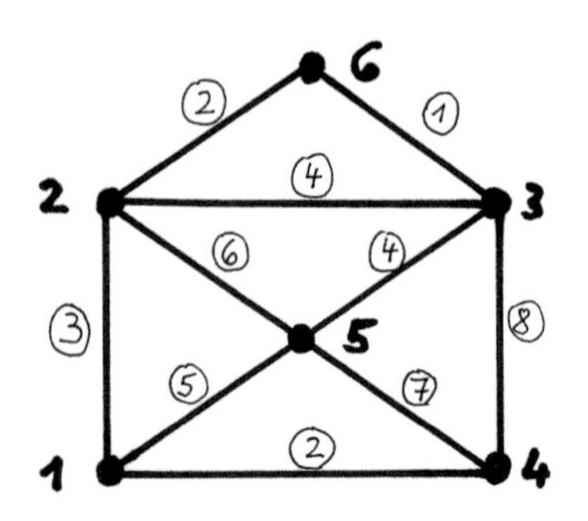

Die Bewertungen (z. B. Entfernungen) sind jeweils durch Zahlen in Kreisen gekennzeichnet; die Gesamtlänge beträgt 42.Einen ungeraden Knotengrad besitzen nur die beiden Knoten 1 und 4, sodass auch nur eine Kante, nämlich (1,4) hinzuzufügen ist, um einen Eulergraphen zu erhalten, das heißt einen Graphen, dessen sämtliche Knoten geraden Grad besitzen. Da die hinzugefügte Kante die Bewertung 2 hat, beträgt die Länge des „Umwegs", den der Postbote gehen muss, zwei Längeneinheiten.

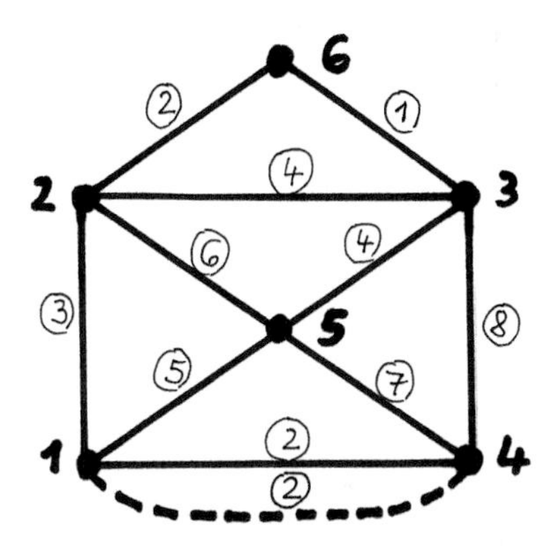

Im zweiten Beispiel, das dem ersten ähnlich ist, beträgt die Gesamtlänge 39.

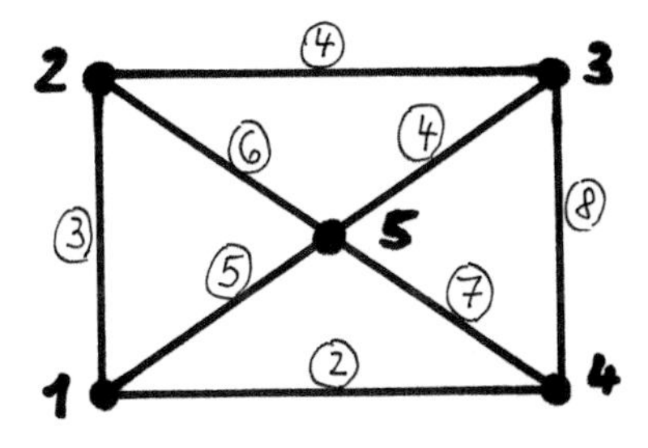

Jetzt weisen vier Knotenpunkte einen ungeraden Knotengrad auf, nämlich 1, 2, 3, und 4; nur vom Knoten 5 gehen eine gerade Zahl von Kanten aus. Damit sind die Knoten 1 bis 4 zu „matchen“, wofür es drei Möglichkeiten gibt, zusätzliche Kanten einzufügen (als Länge hat man jeweils die kürzeste Entfernung zu nehmen, sofern es mehrere Verbindungen gibt):

- Wege (1,2) und (3,4) mit der Gesamtlänge 11;

- Wege (1,3) und (2,4) mit der Gesamtlänge 12 (hier hat man zu beachten, dass es keinen **direkten** Weg von Knoten 1 nach Knoten 3 gibt, daher hat man als kürzeste Verbindung die Kanten (1,2) und (2,3) hinzuzunehmen; analog für die Verbindung von 1 zu 3); die Gesamtlänge der Erweiterung beträgt 12.

- Kanten (1,4) und (2,3) mit der Gesamtlänge 6.

Die insgesamt kürzeste Erweiterung des ursprünglichen Graphen ist in der folgenden Abbildung eingezeichnet; der dabei entstehende „Umweg“ hat die Länge 6.

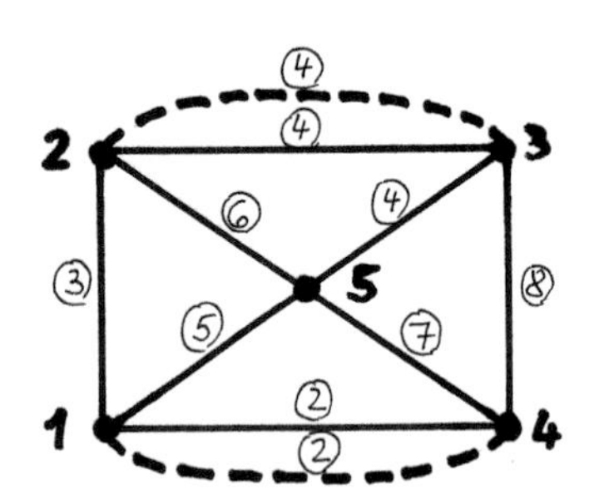

Damit ist im Prinzip das Briefträgerproblem gelöst. Allerdings bleiben noch etliche Fragen offen, die hier nicht beantwortet werden sollen:

- Bei den betrachteten, kleinen Beispielen ließ sich das Matchingproblem durch „scharfes Hinschauen“ lösen. Das ist bei größeren Aufgabenstellungen nicht möglich, insbesondere, wenn die Graphen nicht grafisch dargestellt sind, sondern nur als Datei im Computer verfügbar sind. Dann sind Algorithmen der Graphentheorie anzuwenden, um eine Lösung zu erhalten.

- Angenommen, ein Graph wurde zu einem kostenminimalen Eulergraphen erweitert, sodass also die Existenz eines Eulerkreises gesichert ist. Aber wie findet man dann einen Eulerweg? Auch hierfür ist wiederum ein entsprechender Algorithmus vonnöten.

- Oben wurden ungerichtete Graphen betrachtet; diese enthalten ausschließlich Kanten. Was ändert sich, wenn es sich um gerichtete Graphen mit Pfeilen („Einbahnstraße", nur eine Bewegungsrichtung) handelt oder gemischte Graphen mit Kanten und Pfeilen vorliegen?

- Das hier formulierte Briefträgerproblem ist gewissermaßen die „klassische" Variante. Wie kann man weitere Besonderheiten berücksichtigen?

Natürlich ist nicht nur die Post an der Modellierung und Lösung des Briefträgerproblems interessiert. In gleicher Weise betrifft das andere Lieferdienste (Speditionen, Essen auf Rädern, ...), Entsorgungsdienste (Müll, Bioabfälle, Papier, ...), die Straßenreinigung, den Winterdienst, innerbetriebliche Transportsysteme und vieles mehr.

Viele dieser Anwendungen entsprechen nicht der klassischen Fragestellung, sondern enthalten zusätzliche Bedingungen, die Modifikationen der bekannten Algorithmen erforderlich machen. Wie man sieht, bleiben noch zahlreiche zu lösende Fragen und Betätigungsfelder für Wirtschaftsmathematiker auch in den kommenden Jahren übrig.

Fragen: a) Was kann man zu den Graphen auf S. 110 hinsichtlich der Erweiterung zu Eulergraphen sagen?

b) Wie viele zusätzliche Brücken wären nötig, um das Königsberger Brückenproblem lösbar zu machen?

42 „Kreuzberger Nächte“

Kreuzberger Nächte sind lang,
Kreuzberger Nächte sind lang,
Erst fang' sie ganz langsam an,
Aber dann, aber dann.

Es ist kaum zu glauben, wie hervorragend sich eine bestimmte mathematische Funktion mit diesem Lied der Gebrüder Blattschuss aus den späten 70er Jahren charakterisieren lässt. Anfangs muss sie sehr flach verlaufen und sich kaum ändern, dann aber einen steilen Anstieg aufweisen, und wenn das „Aber dann“ allmählich wieder abebbt, könnte sie vielleicht wieder flacher ansteigen oder ganz stagnieren. Welche Funktion das ist?

Zahlreiche ökonomische Prozesse lassen sich adäquat mithilfe der S-förmig verlaufenden sog. *logistischen Funktion* beschreiben. Diese Prozesse weisen den folgenden typischen Verlauf auf:

- Zu Beginn besitzt die betrachtete ökonomische Kenngröße nur sehr kleine positive Werte.
- Im Laufe der Zeit vergrößern sich diese in monoton wachsender Weise, wobei die Geschwindigkeit des Wachstums ansteigt.
- Danach verringert sich die Wachstumsgeschwindigkeit wieder, sodass ein degressiv wachsender Verlauf zu verzeichnen ist.
- Schließlich nähert sich die Kenngröße immer mehr einer Obergrenze an, erreicht diese jedoch nie.
- Der Wachstumsprozess insgesamt weist einen S-förmigen Verlauf auf und ist nach unten und oben begrenzt.

Dem beschriebenen Muster folgen beispielsweise die Bestandszahlen bzw. allgemein der Lebenszyklus eines neu entwickelten Produkts in der Einführungs-, Wachstums- und Reifephase (neueste Smartphone-Modelle, Fernsehgeräte der nächsten Generation etc.), der Kundenkreis eines seit Kurzem auf dem Markt agierenden Dienstleisters, der Wortschatz beim Erwerb einer Fremdsprache und zahlreiche weitere Vorgänge in vielen Bereichen des Lebens.

Beispielhaft sind in der folgenden Abbildung die Pkw-Dichte in der BRD, d. h. die Anzahl an Pkw pro Tausend erwachsene Einwohner (als Punkte) im Zeitraum von 1952 bis 1994 dargestellt, gemeinsam mit einer logistischen Trendfunktion (gestrichelte Linie), die diese Punkte „möglichst gut annähert“ (vgl. Hansmann, S. 80). Deutlich ist der S-förmige Verlauf erkennbar. In welchem Sinne eine möglichst gute Annäherung erfolgt, wurde in der Geschichte auf S. 55 erläutert.

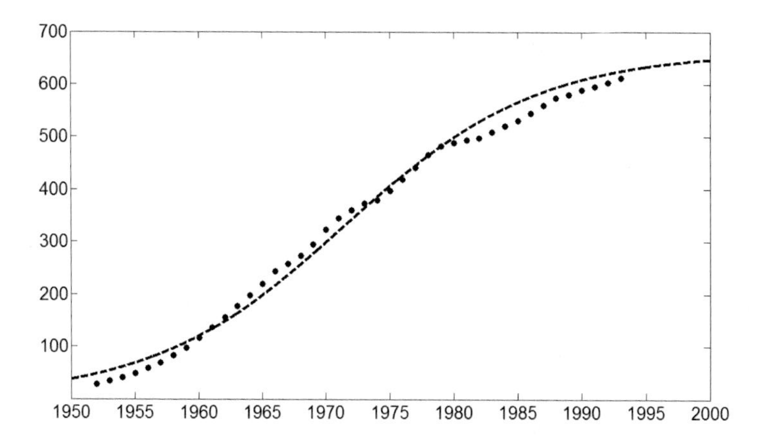

Die hier dargestellten Daten sind zwar schon etwas veraltet, spiegeln aber gerade die Periode wieder, in der die Anzahl an Pkw rasant zunahm. Ein Vergleich mit heutigen Daten ist relativ schwierig, da sich die Berechnungsgrundlagen im Laufe der Zeit geändert haben. Dennoch kann man (nach entsprechender Umrechnung) feststellen, dass die Kurve die weitere Entwicklung recht gut voraussagt, da sie sich einem „Sättigungsniveau“ in der Größenordnung von 700 Pkw pro Tausend erwachsene Einwohner immer mehr annähert. Eine echte Sättigung ist zwar immer noch nicht erreicht, doch verläuft der Anstieg der Anzahl an Pkw in unserer Zeit nicht mehr allzu stürmisch.

Formeln, welche eine logistische Funktion beschreiben (keine Angst, diese werden hier nicht angegeben!) weisen mehrere Parameter auf. Diese Zahlen sind gewissermaßen „Stellschrauben“, mit deren Hilfe die Form der Funktion gut an eine konkrete Situation angepasst werden kann: a) ein flacherer oder steilerer Verlauf, b) die Höhe des „Sättigungsniveaus“, c) die (horizontale und vertikale) Lage des Wendepunktes.

In der nachstehenden Abbildung sind exemplarisch zwei logistische Funktionen dargestellt, eine steilere und eine flachere, die sich beide dem Niveau $1 = 100\,\%$ annähern und denselben Wendepunkt besitzen. Damit unterscheiden sie sich lediglich in der Wahl eines der drei enthaltenen Parameter (dem, der für den Anstieg „zuständig“ ist):

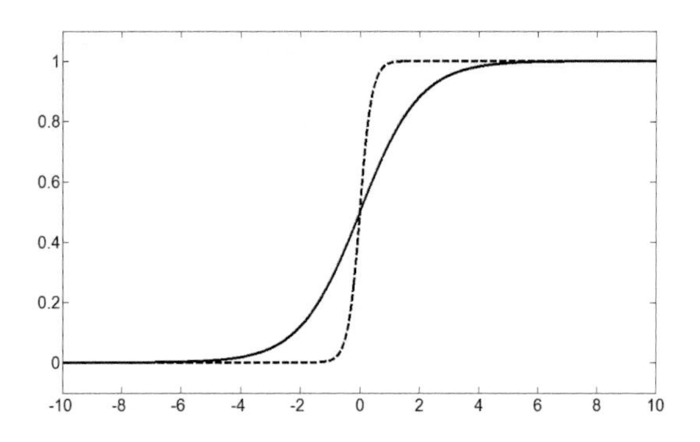

Die Wirtschaftsmathematik stellt nun Hilfsmittel bereit, die es gestatten, aus statistischen, Beobachtungs- oder Messdaten, die von Wirtschaftswissenschaftlern, Ingenieuren oder Praktikern bereitgestellt werden, logistische Funktionen zu finden, welche diese Daten bestmöglich approximieren. Dazu sind in der Regel nichtlineare Gleichungssysteme zu lösen, was meist nur mit numerischen Methoden realisierbar ist. Auf der Grundlage der ermittelten Funktionen können dann Aussagen über die bisherige und die weitere Entwicklung der untersuchten Prozesse getroffen und entsprechende Maßnahmen eingeleitet werden.

Eines der bereits genannten Anwendungsgebiete und zwei weitere sollen jetzt noch etwas detaillierter betrachtet werden:

- *Wachstumsprozesse*: Unter den Schülern einer Schule breiten sich Grippeviren aus. Zunächst gibt es wenige Infizierte, dann immer mehr, die Ausbreitungsgeschwindigkeit wächst, danach verringert sie sich wieder, weil es nicht mehr viele Gesunde gibt, die sich anstecken könnten, und die Infizierten sich auf dem Weg der Besserung befinden.

- *Produktentwicklung*: Ein neues Produkt (z. B. eine Smartwatch) ist zunächst relativ unbekannt und auch sehr teuer, es gibt nur wenige Käufer. Dann setzt sich das neue Produkt immer mehr durch, viele wollen es haben, es wird billiger, immer mehr kaufen es (der guten Eigenschaften wegen oder als Statussymbol). Schließlich gibt es immer weniger potenzielle Käufer, manche kaufen es (aus Kostengründen oder wegen prinzipieller Ablehnung) nicht, der Sättigungsgrad an Besitzern innerhalb der Gesamtbevölkerung nähert sich einer Obergrenze. Spätestens jetzt sollten die Produktentwickler des Unternehmens über ein Nachfolgegerät nachdenken.

- *Verbotene „Schneeballsysteme“*: Diese tauchen immer wieder einmal auf. So werden z. B. Anteilsscheine an „todsicheren“ Gewinnspielen an Kaufwillige vertrieben mit der Maßgabe, dass diese ihrerseits Käufer finden usw. usf. Jeder Verkäufer erhält von seinem Nachfolger und dessen Nachfolgenden eine bestimmte Summe – wenn es denn Nachfolger gibt! Ziemlich sicher erhalten nur die ersten Verkäufer Gewinne, die Initiatoren des Spiels. Die Anzahl der Beteiligten müsste exponentiell anwachsen und schnell die Größenordnung eines Landes bzw. der Weltbevölkerung erreichen, damit spätere Käufer noch eine Gewinnchance besitzen; der letzte erhält garantiert nichts. Die Zahl verkaufter „Gewinnbeteiligungen“ lässt sich hervorragend durch eine entsprechend angepasste logistische Funktion modellieren, was den gerichtsfesten Nachweis ermöglicht, ab wann ein Käufer eines Scheins keinerlei Gewinnchance mehr hat und somit in betrügerischer Weise geschädigt wurde.

Literatur:

Hansmann K.-W.: Industrielles Management, 8. Aufl., Oldenbourg, München 2006

Luderer B., Börsch A., Stöcker M.: Die logistische Funktion, WISU – Das Wirtschaftsstudium, 39 (2010), 8/9, S. 1157–1164

43 Gut – besser – am besten

In einem kleinen Unternehmen werden Nussknacker und Räuchermänner hergestellt, die zunächst die Abteilung Holzverarbeitung und danach die Lackiererei durchlaufen. Jeder Nussknacker verursacht dabei einen Zeitaufwand von 30 Minuten in der ersten und 20 Minuten in der zweiten Abteilung, jedes Räuchermännchen hingegen 15 bzw. 30 Minuten. Im Planungszeitraum stehen in den beiden Abteilungen 80 bzw. 100 Produktionsstunden zur Verfügung. Für jeden verkauften Nussknacker erzielt das Unternehmen 8 Euro Gewinn, jeder Räuchermann erbringt 6 Euro. Der Chef beauftragt den Produktionsleiter, einen Produktionsplan zu erstellen, der maximalen Gewinn verspricht.

Der Produktionsleiter, Herr Müller, überlegt: „Was kann ich eigentlich beeinflussen? Die Herstellungszeiten und -kapazitäten sicherlich nicht, ebenso wenig die Stückgewinne.“ Aber die tatsächlich zu produzierenden Stückzahlen an Nussknackern und Räuchermännern, die kann er sehr wohl beeinflussen, indem er seinen Angestellten entsprechende Anweisungen gibt. Er bezeichnet mit N die Anzahl herzustellender Nussknacker und mit R die Zahl der Räuchermänner und zeichnet ein Koordinatensystem mit diesen Achsenbezeichnungen. Außerdem vernachlässigt er vorerst die Bedingung, dass diese Größen ganzzahlig sein müssen (denn niemandem nützt wohl ein halber Nussknacker).

Die Herstellung eines Nussknackers verursacht einen Zeitaufwand von einer halben Stunde in der Holzverarbeitung, also wird für die Produktion von N Nussknackern die Zeit von $30 \cdot N$ Minuten benötigt. Analog braucht man für R Räuchermänner $15 \cdot R$ Minuten. Die Summe beider Ausdrücke ist dann die insgesamt benötigte Arbeitszeit in Minuten, wobei die Größen N und R vorerst unbekannt sind. Diese Zeit darf nicht größer sein als die zur Verfügung stehende Arbeitszeitkapazität von $80 \cdot 60 = 4800$ Minuten. Herr Müller erkennt, dass sich hier um eine **Ungleichung** handelt. Zunächst allerdings betrachtet er die zugehörige **Gleichung**. Aus seinem Studium weiß er noch, dass Ausdrücke dieser Art lineare Beziehungen sind, die sich grafisch als Gerade darstellen lassen. Diese zeichnet er in sein Koordinatensystem ein. Nach einigem Überlegen ist er sich sicher, dass „nicht größer sein als“ mathematisch „$\leq$“ bedeutet und die zugehörigen zulässigen Punkte im vorliegenden Fall links unterhalb (im Südwesten) der gezeichneten Geraden liegen. Herr Müller ist stolz auf sich.

Der Rest ist ein Kinderspiel. Zunächst zeichnet Herr Müller eine weitere Gerade in das Koordinatensystem ein, die sich auf die Lackiererei bezieht (Details werden weggelassen) und konstatiert wiederum, dass die relevanten Punkte links unterhalb dieser Geraden liegen. Er vergisst auch nicht, dass Stückzahlen niemals negativ sein können und folglich die ihn interessierenden Punkte im ersten Quadranten liegen müssen, oberhalb der N- und rechts von der R-Achse. Nun markiert er den zulässigen Bereich, d. h. die Punkte, die allen Forderungen gleichzeitig genügen (in der Abbildung dunkel hervorgehoben und stark umrandet). Herr Müller ist zufrieden.

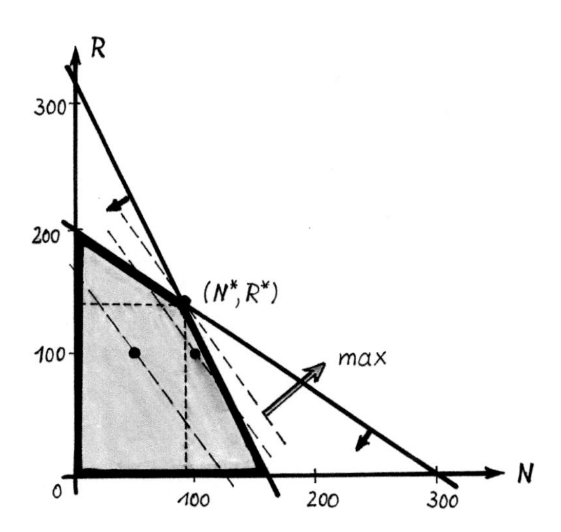

Herr Müller ist aber auch kritisch. Er nimmt sich einen Punkt aus diesem Bereich, beispielsweise den Punkt (50,100), also $N = 50$ und $R = 100$, und überprüft, ob dieser die beiden Ungleichungen erfüllt.

Er tut es. Auch der Punkt (100,100) erfüllt alle Forderungen. Herr Müller freut sich ungemein und berechnet schnell noch, welcher Gewinn sich für diese Werte ergibt. Für den ersten Punkt erhält er $8 \cdot 50 + 6 \cdot 100 = 1000$ (Euro), für den zweiten 1400 Euro.

Nun denkt Herr Müller über den maximal zu erzielenden Gewinn nach. Ein Nussknacker bringt 8 Euro, ein Räuchermann 6 Euro, das ergibt insgesamt $8 \cdot N + 6 \cdot R$ an Gewinn (in Euro). Das ist schon wieder eine lineare Funktion mit Geraden als Höhenlinien; das sind die Linien, die sich ergeben, wenn man den Funktionswert gleich irgendeiner Zahl (= „Höhe") setzt. Herr Müller erinnert sich, dass er in seinem Studium solche *linearen Optimierungsaufgaben* gelöst hat, und dass man dabei die sog. *Zielfunktionslinie*, die den Gewinn widerspiegelt, in Richtung des Maximums verschieben muss (hier: nach rechts oben), und zwar so lange, bis sie gerade noch den zulässigen Bereich schneidet bzw. berührt. So findet man die *optimale Lösung* (N^*, R^*). Er schaut genau hin und erkennt die Werte $N^* = 90$ und $R^* = 140$. Diese Produktionszahlen liefern einen Gewinn von 1560 Euro. Herr Müller ist glücklich.

Am nächsten Tag stürmt der Produktionsleiter zum Chef und berichtet ihm: „50 Nussknacker und 100 Räuchermänner können wir herstellen, die bringen 1000 Euro – das wäre schon gut, aber wir schaffen es auch, von beiden je 100 Stück herstellen, dann erzielen wir sogar 1400 Euro Gewinn – noch besser. Am besten ist es jedoch, 90 Nussknacker und 140 Räuchermänner zu produzieren. Da klingeln 1560 Euro in der Kasse! Geradezu optimal!"

„Müller", meint der Chef, „Sie sind der beste Produktionsleiter in diesem Unternehmen. Aber überlegen Sie bitte bis morgen, ob Sie nicht eine noch bessere Lösung finden."

„Tut mir leid, Chef", entgegnet der Produktionsleiter, „besser als optimal geht nicht! Da müssten Sie schon etwas im Produktionsablauf ändern."

44 Ein Portefeuille voller Aktien

Zwei Seelen wohnen, ach!
in meiner Brust.

Johann Wolfgang von Goethe, Faust I

LISA hat ein größeres Geldgeschenk bekommen und möchte es jetzt in Aktien anlegen. Als ökonomisch denkender Mensch will sie eine möglichst hohe Rendite bei möglichst kleinem Risiko erzielen, weiß aber, dass das kaum geht, denn beides sind konkurrierende Ziele – hohe Renditen gehen meist mit einem hohem Risiko einher.

Lisa ist sehr an mathematischen Anwendungen interessiert. Daher kennt sie sich auch ein bisschen mit der *Mehrzieloptimierung* aus. In diesem Gebiet der Mathematik untersucht man Problemstellungen mit zwei und mehr Zielen. Mithilfe verschiedener Methoden werden aus einer Menge zulässiger Punkte diejenigen ausgesucht, die in gewissem Sinne die „besten" sind. Da im Normalfall unterschiedliche Zielstellungen, wenn man sie einzeln betrachtet, auf unterschiedliche Lösungen führen (das billigste Kleid ist i. Allg. nicht das schönste und das schönste muss nicht unbedingt das pflegeleichteste sein), muss ein Kompromiss geschlossen werden.

Was die Mathematik tun kann: Sie stellt Methoden bereit, die die *effiziente Menge* ermitteln. Punkte dieser Menge haben eine charakteristische Eigenschaft: Es gibt keine anderen zulässigen Punkte, die bezüglich aller Zielfunktionen mindestens so gut wie der betrachtete effiziente Punkt und für mindestens ein Ziel besser sind. Anders gesagt: Es kann sich kein Zielfunktionswert verbessern, wenn sich nicht gleichzeitig mindestens ein anderer Zielfunktionswert verschlechtert. Effiziente Punkte werden auch *Pareto-optimale Punkte*[14] genannt.

Außerdem hat Lisa vom sog. *Markowitz-Modell*[15] der *Portfoliooptimierung* gehört und macht sich jetzt damit vertraut. Dieses Modell besagt, dass man durch Diversifizierung beispielsweise erreichen kann, dass sich das Risiko verringert, ohne dass sich die erwartete

[14] Vilfredo Federico Pareto (1848–1923), ital. Ingenieur, Ökonom und Soziologe.
[15] Harry Max Markowitz (geb. 1927), US-amer. Ökonom; Nobelpreis 1990.

Rendite verschlechtert oder, andersherum, dass man bei gleichem Risiko eine höhere Rendite erzielen kann. Und das funktioniert schon bei zwei verschiedenen Aktien.

Lisa favorisiert die beiden Aktien A_1 und A_2. Diese will sie nun so miteinander kombinieren, dass eine „vernünftige" Rendite bei „vertretbarem" Risiko erzielt wird.

Da zukünftige Werte immer unbekannt sind, kann man Zukunftswerte höchstens abschätzen (z. B. durch Marktanalyse). Man kann auch mit stochastischen Erwartungswerten rechnen oder Werte aus der Vergangenheit heranziehen und für die Zukunft fortschreiben. Deshalb spricht man meist nicht von Rendite udn Risiko, sondern von **erwarteter** Rendite μ und **erwarteter** Varianz der Renditen σ^2 (als Maß des Risikos).

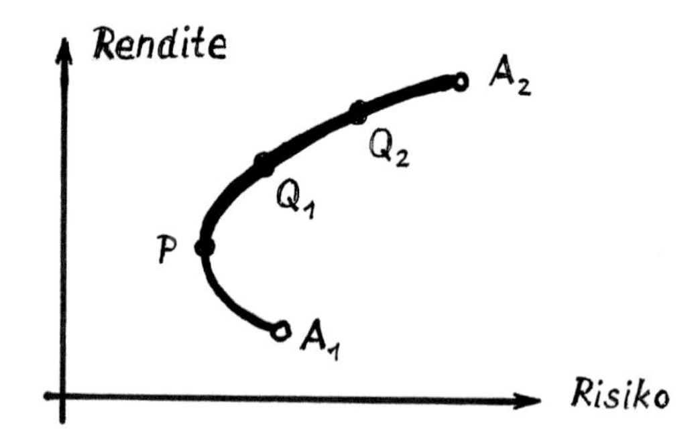

Wie man der Abbildung entnehmen kann, ist das Risiko von A_1 kleiner als das von A_2, aber leider auch die erwartete Rendite. Weiter wird angenommen, dass beide Aktien nicht zu stark korrelieren (so soll sich bspw. der erwartete Kurs von A_1 bei höherem Erdölpreis stark verbessern, der von A_2 ein wenig verschlechtern).

Nun diversifiziert Lisa, indem sie nicht ausschließlich Aktie A_1 kauft oder nur die Aktie A_2, sondern ein Portfolio aus beiden bildet: So kauft sie z. B. von jeder Aktie dieselbe Stückzahl oder 20 % von A_1 und 80 % von A_2 usw. Die Linie in der Abbildung des Rendite-Risiko-Profils zeigt, wie sich dann die erwarteten Renditen und Varianzen verhalten. Es handelt sich um ein Parabelstück, da die Varianz quadratisch in die Rechnungen eingeht. Das Portfolio mit dem geringsten Risiko (Punkt P) ist ebenso eingezeichnet wie die effizienten Portfolios (dicke Linie von P bis A_2). Betrachtet man beispielsweise die zur effizienten Menge gehörigen zwei Punkte Q_1 und Q_2 im Vergleich, so sieht man, dass man die Rendite nicht vergrößern kann, ohne dass sich auch das Risiko erhöht. Aber man erkennt auch: Bildet man anstelle der Einzelwerte A_1 oder A_2 ein Portfolio aus beiden, so kann das Risiko verringert werden bei gleichzeitig höherer erwarteter Rendite, wie z. B. die beiden Punkte A_1 und P zeigen.

Die oben beschriebenen Überlegungen sind in gleicher Weise auf Portfolios mit mehr als zwei Aktien anwendbar. Das entstehende Gebiet, in dem die zulässigen Kombinationen liegen, hat dabei eine „regenschirmförmige" Gestalt, weil es von mehreren Parabelstücken begrenzt wird; die Menge effizienter Punkte bildet einen Teil des Randes.

Mathematische Methoden wie die (näherungsweise) Ermittlung der effizienten Menge können bei der Entscheidungsfindung helfen, allerdings muss der Entscheider (*decision maker*) anschließend selbst festlegen, wie das Portfolio konkret zusammengestellt wird, d. h., welcher Punkt aus der effizienten Menge ausgesucht wird. Diese Entscheidung kann niemandem abgenommen werden, auch nicht durch die Mathematiker.

45 Die Hotline und die Warteschleife

Was wäre der Mensch ohne Telefon!
Ein armes Luder!
Was aber ist er mit Telefon?
Ein armes Luder!
Kurt Tucholsky

HANNAH arbeitet in einem Callcenter. Sie ist verantwortlich für die effiziente Arbeit des Centers: Die Anrufer sollen möglichst wenig warten und nicht genervt hören müssen: „Alle unsere Mitarbeiter sind im Gespräch. Sie werden mit dem nächsten freien Mitarbeiter verbunden ... shalala, shalala ... Alle unsere Mitarbeiter sind im Gespräch ...“. Die Callcenter-Mitarbeiter hingegen sollen möglichst gut ausgelastet sein und keinen Leerlauf haben. Diese hätten sicherlich nichts dagegen, aber jeder Mitarbeiter kostet schließlich Geld, und zu hohe Kosten wären schlecht fürs Unternehmen. Da sollte möglichst ein Kompromiss geschlossen werden – aber wie? Es gibt allerlei zu bedenken:

- Wie viele Anrufe treffen pro Stunde ein?
- Wie lange dauert ein Gespräch mit einem Kunden und wie sind die Anrufe über den Tag hinweg verteilt?
- Wie lange müssen Kunden warten, ehe sie verbunden werden?
- Wie viele Kunden geben inzwischen auf und wie viele versuchen es mehrfach?
- Wie kompetent sind die Mitarbeiter des Callcenters?
- Wie wird die Qualität der Antworten und die Erreichbarkeit des Callcenters durch die Kunden eingeschätzt?
- Wie viele Kunden wandern zur Konkurrenz ab (sofern dies möglich ist)?

Fragen über Fragen. Hannah versucht, sich zunächst anhand eines kleinen Beispiels in den Themenkreis einzuarbeiten. Dazu betrachtet sie eine theoretisch ausgedachte Situation, die sie anschließend mehr und mehr der Realität annähert (vgl. Herzog, Kap. 6):

Beispiel:

a) In einem Callcenter mit einem Mitarbeiter gehen innerhalb einer halben Stunde exakt aller sechs Minuten Kundenanrufe ein, die Gespräche mit jedem der Kunden dauern jeweils exakt fünf Minuten. Dann gibt es keine Wartezeiten für die Kunden; die Auslastung des Mitarbeiters beträgt $5 : 6 = 83,33\,\%$.

b) In demselben Callcenter gehen wiederum aller sechs Minuten Kundenanrufe ein, allerdings soll jetzt die **durchschnittliche** Gesprächsdauer fünf Minuten betragen, die **tatsächliche** Dauern jedoch 4, 7, 6, 3 bzw. 5 Minuten. Dann haben der dritte und der vierte Kunde je eine Minute Wartezeit, während die Mitarbeiterauslastung nach wie vor 83,33 % beträgt.

c) Unter denselben Bedingungen wie in b) treffen die Kundenanrufe nunmehr zu zufällig gewählten Zeitpunkten ein, beispielsweise nach 0, 8, 11, 16, 23 Minuten. Dann erhöhen sich die Wartezeiten der Kunden in der Regel spürbar. Im vorliegenden Fall spricht der erste Kunde von Minute 0 bis 4, der zweite von Minute 8 bis 15. Der dritte Kunde muss 4 Minuten warten und spricht von Minute 15 bis 21; der vierte Kunde muss 5 Minuten warten und spricht von Minute 21 bis 24. Der letzte Kunde schließlich muss eine Minute warten und spricht von Minute 24 bis 28. Damit beträgt die Gesamtwartezeit 10 Minuten bei gleicher Gesamt-Gesprächsdauer und bei gleicher Auslastung der Mitarbeiter.

Aus den betrachteten Beispielen lässt sich schlussfolgern, dass Wartezeiten für die Kunden auftreten können, selbst wenn die Auslastung des Callcenters deutlich unter 100 % liegt. Diese Wartezeiten sind im Allgemeinen umso länger, je höher die Auslastung der Callcenter-Mitarbeiter ist. Man erkennt weiter, dass das Rechnen nur mit Mittelwerten bei Weitem nicht ausreicht.

Nun führt Hannah mehrere Gespräche mit mehreren Praktikern. Diese können ihr viele Tipps geben und Faustregeln für auftretende Schwierigkeiten liefern, aber wissenschaftlich begründen können sie ihre Aussagen nicht. Daher entschließt sie sich, einen Mathematiker zu kontaktieren. Der erzählt ihr etwas von der Exponential- und der Poissonverteilung, von Warteschlangen- und Bedienungstheorie, von Wartesystemen, Simulation und vielem mehr. Aber für die ganz speziellen Fragen von Hannahs Callcenter hat er auch nur wenige Antworten und kann die theoretisch erzielten Ergebnisse bei Weitem nicht problemlos anwenden.

Da fällt Hannah ein Buch von Herzog in die Hand, in dem sowohl praktische als auch theoretische Aspekte miteinander verbunden werden. So wird z. B. vorgeschlagen, dass die Kunden einen Rückruf durch einen Callcenter-Mitarbeiter vereinbaren können, was ihnen das Gefühl gibt, nicht warten zu müssen, während dadurch gleichzeitig die Auslastung der Mitarbeiter verbessert wird. Die Mitarbeiter hingegen sollten bei auftretendem Leerlauf E-Mail-Anfragen der Kunden abarbeiten. Dieses Buch gefällt ihr sehr gut und sie macht sich sogleich an das Studium desselben.

Literatur:

Herzog A.: Callcenter – Analyse und Management. Modellierung und Optimierung mit Warteschlangensystemen. Springer Gabler, Wiesbaden 2017

46 Die Qual der Wahl

Wenn man die Wahl hat zwischen
Austern und Champagner,
so pflegt man sich in der Regel
für beides zu entscheiden.
Theodor Fontane

JOHANNA und ihr Bruder Jannik wohnen in einem kleinen Ort am Fuß der Berge. Ringsherum erheben sich die Felsen, weit oben sieht man einige Hotels mit Sterne-Restaurants in herrlicher Lage. Toller Ausblick, tolles Ambiente, tolle Gerichte – aber schwierig zu versorgen. Die Restaurantbetreiber der Gourmetrestaurants klagen über Versorgungsschwierigkeiten bei schlechtem Wetter. Aber auch für die Gäste – oftmals vom Jetset und deshalb immer in Eile – ist es nicht einfach und äußerst zeitraubend, dorthin zu gelangen.

Das bringt Johanna und Jannik auf eine Idee: Sie wollen ein Start-up-Unternehmen gründen. Kürzlich erfuhren sie, dass in Dubai ein Drohnen-Taxi in Dienst gestellt wurde, welches ohne Pilot jeweils eine Person befördern kann, zum Flugplatz beispielsweise, weil die Straßen verstopft sind. Außerdem wissen sie, dass ganz in ihrer Nähe Versuche durchgeführt werden, die Post für die verstreut in den Bergen liegenden Almhütten per Drohne zuzustellen. Drohnen sind also absolut „in".

Johanna gründet das Unternehmen „Alm-Express", das bei Bedarf superschnell Einzelpersonen aus den Restaurants abholen wird, ihr Bruder lässt den „Gourmet-Express" ins Handelsregister eintragen, der zunächst vier Restaurants jeden Tag mit superfrischen Gourmet-Produkte beliefern soll: Hummer, Thunfisch, Wolfsbarsch, Austern, Wagyū-Kobe-Rind, Lammcarrée aus Neuseeland usw. So weit, so gut. Nur über den Standort der beiden Unternehmen können sich die Geschwister nicht einigen. Der Grund liegt darin, dass ihre zwei Aufgaben der *Standortoptimierung* – und darum geht es hier – unterschiedliche Zielfunktionen aufweisen.

Johanna will den Standort D, wo die Drohnen starten, so platzieren, dass die größte Entfernung zu einem der vier Restaurants möglichst klein wird, ein sogenanntes *Minimaxproblem*. Eine solche Aufgabe wird auch *Centerproblem* genannt. Dessen Lösung ist relativ einfach und kann mit geometrischen Verfahren gefunden werden, denn die Lösung liegt im Mittelpunkt M eines Kreises, auf dem entweder drei Zielstandorte liegen oder nur zwei, diese dann diametral gegenüberliegend. Bei wenigen Standorten kann man einfach verschiedene Varianten durchprobieren, bei vielen Standorten müssen geeignete Algorithmen eingesetzt werden, um die diejenigen Punkte zu finden, die den Kreis festlegen.

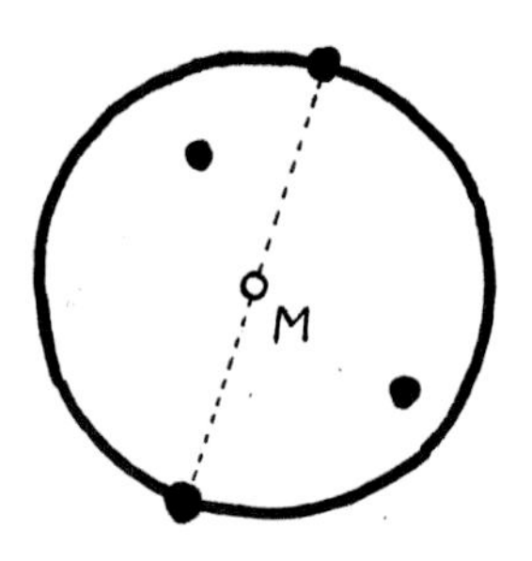

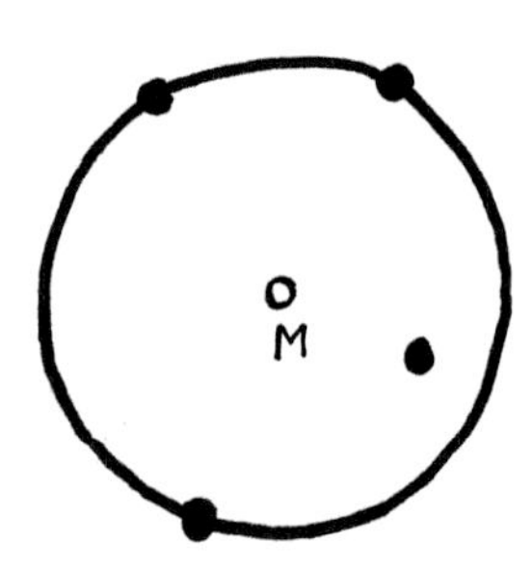

Mithilfe einer Landkarte lässt sich die beschriebene Lösung leicht ermitteln. Da die vier Zielorte ungefähr auf einer Höhe liegen und alle vier bei einem Flug in direkter Linie vom Wohnort der Geschwister erreichbar sind, kann man nämlich die Aufgabe auch so auffassen, als lägen alle Standorte in der Ebene, eine sog. *planare* Problemstellung.

Jannik hingegen argumentiert anders: Erstens sind die vier Gourmetrestaurants unterschiedlich weit von dem Punkt entfernt, den seine Schwester ermittelt hat. Zweitens ist der von den vier Chefköchen angemeldete Bedarf höchst unterschiedlich; er beträgt 1, 3, 5, bzw. 8 Lieferungen pro Tag. Deshalb meint Jannik – und das zu Recht! – Entfernung und Bedarf müssten, miteinander multipliziert, unbedingt berücksichtigt werden. Diese Aufgabenstellung wird *Medianproblem* bzw. *Steiner-Weber-Problem* genannt.

Jannik erinnert sich an ein altes populärwissenschaftliches Buch, in dem er ein Bild gesehen hat, das ihn ungemein beeindruckte. Dort wurde der sog. *Varignon'sche Apparat*[16] abgebildet, eigentlich eine sehr einfache Konstruktion. Aber drauf kommen muss man! Er lässt sich von seiner Schwester die Landkarte geben, holt aus dem Schuppen einen alten Tisch, eine Bohrmaschine, ein längeres Stück Schnur und kramt aus einer Ecke noch einen Kasten mit alten Gewichten hervor. Johanna schaut mit fragenden Augen auf ihn, während Jannik die Landkarte nimmt, auf dem Tisch befestigt und an den Stellen, wo sich die Restaurants befinden, Löcher bohrt. Dann nimmt er die Schnur, verknotet sie und hängt an den Enden Gewichte an, die dem täglichen Bedarf an Lieferungen des jeweiligen Restaurants entsprechen.

„Hast du zu oft ‚Max und Moritz' von Wilhelm Busch gelesen und willst jetzt die Hühner der Witwe Bolte ärgern?", fragt Johanna.

„Nein, ich mache ein wissenschaftliches Experiment", antwortet ihr Bruder. „Das zeigt mir auf einfache Weise, wo der beste Standort für mein Unternehmen ist."

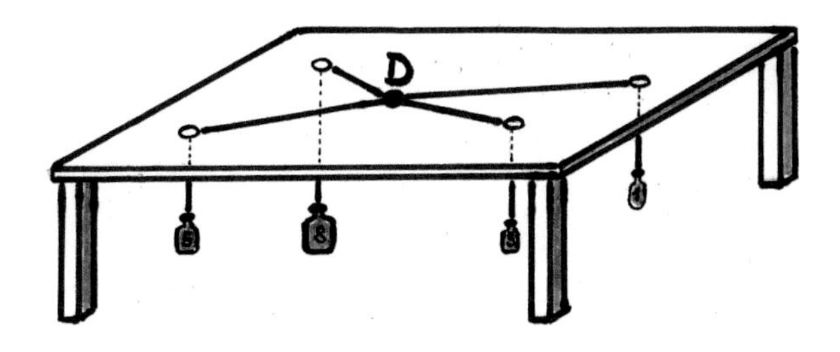

Die Gewichte ziehen den Knoten entsprechend ihrer Größe und der Lage der Löcher an eine Stelle D, wo Gleichgewicht herrscht. Dieser stellt nun gerade die Lösung des Steiner-Weber-Problems dar, d. h., die Drohne sollte dort platziert werden. Eigentlich geht diese Versuchsanordnung von der Standortsuche in der Ebene aus. Da aber die vier Restaurants alle auf ungefähr derselben Höhe liegen, lässt sie sich auch auf Janniks Aufgabenstellung anwenden.

[16] Pierre de Varignon, französischer Wissenschaftler, Mathematiker und Physiker (1654–1722).

Nun tritt eine Schwierigkeit auf – die Lösungen beider Aufgaben stimmen nicht überein. Das ist in aller Regel so. Wo also sollen sie die Drohnen stationieren? Und dabei hatten die Geschwister ohnehin großes Glück, denn die berechneten Startplätze für die Drohnen liegen auf einer ungenutzten Almwiese. Was aber wäre gewesen, wenn die Orte im benachbarten Bergsee oder auf einer unzugänglichen Bergspitze gelegen hätten?

Allgemeine Standortprobleme können eine Reihe von Besonderheiten, Zielen und Schwierigkeiten aufweisen, insbesondere wenn es um Fragestellungen in der Ebene (und nicht nur entlang einer Geraden, sog. *eindimensionale* Probleme) geht: die Auswahl des passenden Verfahrens zur Entfernungsmessung (S. 26), verbotene Gebiete, Gebiete mit „zähem Verkehrsfluss", mehrere Zielfunktionen (d. h., eine Mischung aus Center- und Medianproblem), mehrere neu zu errichtende „Warenhäuser" an ausgewählten potenziellen Standorten anstelle der Suche nach nur einem Standort, Kapazitätsbeschränkungen der Warenhäuser usw.

Es gibt mannigfaltige Anwendungen von Standortproblemen: die optimale Stationierung von Notfallhubschraubern, die Platzierung von Zentrallagern zur Versorgung von Filialen eines Handelsunternehmens, das Aufstellen von Servern im Internet, das Bestücken von Platinen mit elektronischen Bauteilen mithilfe von Robotern, der Neubau eines Sportzentrums in einem ländlichen Gebiet und vieles mehr.

Literatur:

Hamacher H. W., Klamroth K., Tammer C.: Standortoptimierung. In: Die Kunst des Modellierens (Luderer B., Hrsg.), Vieweg + Teubner, Wiesbaden 2008, S. 139–156

47 Ein Handlungsreisender kommt viel herum

Die beste Bildung findet ein
gescheiter Mensch auf Reisen.
Johann Wolfgang von Goethe

JEDER, der Arthur Millers Roman „Der Tod eines Handlungsreisenden" gelesen oder die kongeniale Verfilmung mit Dustin Hoffman und John Malkovich gesehen hat, weiß, wie hart der Job eines reisenden Vertreters ist. Da ist es nur natürlich, dass jeder Handlungsreisende versucht, die zurückzulegende Wegstrecke so kurz wie möglich zu halten.

Mathematisch formuliert, lautet die Aufgabenstellung, die in der Fachliteratur heutzutage die Bezeichnung *Rundreiseproblem* trägt, während sie früher meist wie im Englischen oder auch Französischen als *Problem des Handlungsreisenden (Travelling Salesman Problem, Problème du voyageur de commerce)* bezeichnet wurde, wie folgt:

Rundreiseproblem:
Gegeben seien n Städte und die Entfernungen zwischen ihnen. Gesucht ist eine Tour bzw. Rundreise, bei der – beginnend und endend in der Stadt 1 – jede Stadt genau einmal besucht wird und die insgesamt zurückgelegte Wegstrecke minimal ist.

Eine Rundreise wird auch als *Hamiltonkreis* bezeichnet. Die Entfernungen kann man dabei – in Abhängigkeit vom konkreten Kontext – unterschiedlich definieren: über den Abstand per Luftlinie, als Entfernung im realen Straßennetz, ggf. unter Berücksichtigung der durchschnittlichen Reisegeschwindigkeit, als Fahrzeit oder Preis der besten Zugverbindung. Die „Städte" müssen keine Städte im wortwörtlichen Sinne sein, es können genausogut Maschinen in einer Werkhalle, Bohrlöcher in Leiterplatten, zu schweißende Stellen, die ein Schweißroboter in der Automobilindustrie bearbeiten muss, oder zu beobachtende Sterne am Himmel sein. Daher wird die Aufgabe in der Regel in der Sprache der Graphentheorie formuliert, wobei es um bewertete Graphen geht, d. h., jede Kante besitzt ein Gewicht (Bewertung, Entfernung, Kapazität, Zeit ...).

Im Allgemeinen geht man beim Rundreiseproblem von einem *vollständigen* Graphen aus, das ist ein Graph, bei dem zwischen jedem Knotenpaar ein direkter Weg existiert. Das sichert die Existenz einer Rundreise, d. h. eines Hamiltonkreises. In realen Netzen ist das meist nicht der Fall. Man behilft sich dann mit einem kleinen „Trick“: Alle nicht vorhandenen Verbindungen werden als vorhanden betrachtet, aber mit einer sehr großen Zahl bewertet, größer als alle anderen Bewertungen, z. B. 1 Mio. Bei der Auswahl durch einen Algorithmus, der ja möglichst kurze Verbindungen sucht, werden sie logischerweise niemals berücksichtigt. Tritt in einer Optimallösung dennoch eine hoch bewertete Kante auf, bedeutet das, dass keine Rundreise existiert. Hier kann man also mit Fug und Recht sagen (siehe die Geschichte auf S. 38): „Ohne Beschränkung der Allgemeinheit sei der Graph vollständig.“

Der Handlungsreisende soll nun also alle n Städte genau einmal besuchen und wieder nach Hause zurückkehren, wobei die Gesamtentfernung möglichst klein ist. Die Reihenfolge, in der er dabei die Städte ansteuert, spielt keine Rolle. Dies ist ein einfach zu formulierendes, aber außerordentlich schwer lösbares Problem, insbesondere wenn die Zahl der Städte sehr groß ist.

Mit der Entwicklung der Rechentechnik gelang es den Mathematikern, immer größere Aufgaben exakt zu lösen, inzwischen bis hin zu einigen Tausenden, ja Zehntausenden Städten. Das klassische Rundreiseproblem wurde von vielen Mathematikern untersucht und dient – neben den direkten Anwendungen – auch als Testproblem für neu entwickelte Lösungsmethoden der diskreten Optimierung. Gleichzeitig tritt es oftmals als Teilproblem allgemeinerer Optimierungsaufgaben auf: in der Tourenplanung, beim Design von Mikrochips, in der Logistik (z. B. bei der Verteilung oder dem Abholen von Waren). Durch den zunehmenden Internethandel gewinnt gerade der letzte Aspekt immer mehr an Bedeutung.

Oftmals müssen in praktischen Anwendungen zusätzliche Bedingungen beachtet werden: Zeitfenster (ein Kunde wünscht beispielsweise den Besuch des Handlungsreisenden nur zwischen 15 und 18 Uhr), beschränkte Kapazitäten (ein Müllauto ist irgendwann voll und muss zur Deponie fahren) und andere Forderungen.

Natürlich spielt bei der Problemlösung immer auch die verfügbare Rechenzeit eine wichtige Rolle: Ist eine bestimmte Aufgabe nur einmal zu lösen, kann ein Computer auch mehrere Tage oder Wochen rechnen, um mit einem *exakten Verfahren* die optimale Lösung zu finden. Dabei finden unter anderem sog. *Schnittebenenverfahren* oder *Branch-and-Cut-Verfahren* Anwendung. Muss jedoch eine Lösung sehr schnell gefunden werden wie zum Beispiel in der Online-Optimierung oder ist die Aufgabe extrem groß und kompliziert, sind *heuristische Verfahren* einzusetzen.

Heuristische Verfahren sind dadurch gekennzeichnet, dass sie einfach und schnell sind und oftmals gute (aber nicht notwendig optimale) Lösungen liefern; aber das ist nicht sicher und kann in der Regel auch nicht bewiesen werden.

Anhand eines kleinen Beispiels, dessen optimale Lösung man durch „scharfes Hinschauen“ bestimmen kann, sollen zwei heuristische Verfahren erläutert werden.

Beispiel: Gegeben ist ein Straßennetz mit fünf Städten (Knoten) und neun Straßen (Kanten); siehe linke Abbildung. Gesucht ist eine optimale oder zumindest zulässige (und möglichst kurze) Rundreise. Eine Rundreise von mehreren existierenden ist in der rechten Abbildung markiert; wie sie gefunden wurde, wird im Anschluss beschrieben.

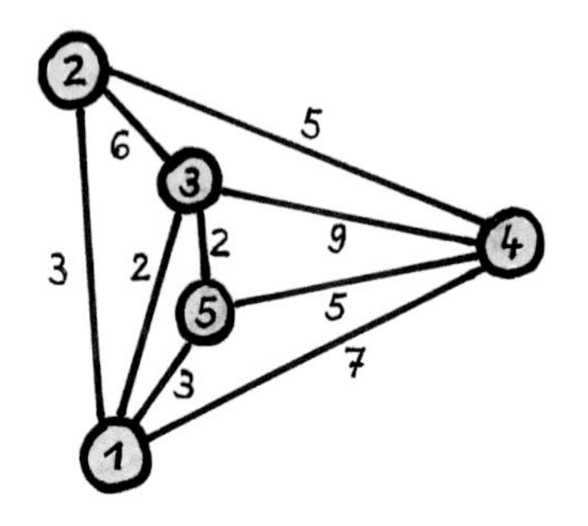

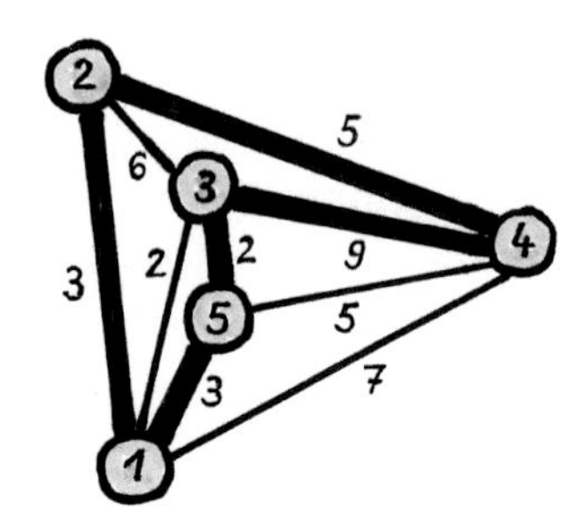

> **Verfahren des nächsten Nachbarn:**
> Beginne in einer Stadt und wähle die noch nicht besuchte Stadt aus, die die geringste Entfernung besitzt. Nimm diese Stadt zur Rundreise hinzu. Wiederhole dieses Verfahren, bis alle Städte in die Rundreise einbezogen sind. Gehe von der letzten Stadt zurück zur ersten.

In der betrachteten Aufgabenstellung liefert dieses Verfahren die folgende Lösung, wobei in Knoten 3 begonnen werden soll. (Solange kein Knoten irgendwie ausgezeichnet ist, ist es im Grunde egal, wo die Rundreise beginnt und wo sie endet.)

Von Knoten 3 gehen zwei Kanten mit der kürzesten Bewertung von 2 aus, wir entscheiden uns für die zum Knoten 5. Von dort geht es weiter zum Knoten 1 (Kante mit der Bewertung 3), dann zu Knoten 2 (auch hier ist die Bewertung 3 die kleinste aller Kanten, die aus dem Knoten 1 zu noch nicht besuchten Knoten hinausführen). Danach geht es zu Knoten 4 und von dort zurück zum Knoten 3. Es wurde eine Rundreise der Länge $2+3+3+5+9=22$ gefunden (siehe rechte Abbildung). Wie gut oder schlecht diese Lösung ist, kann man zunächst nicht sagen, aber es ist eine Rundreise und damit eine zulässige Lösung.

Fragen: a) Was hätte sich ergeben, wenn anstelle der Kante (3,5) die Kante (3,1) ausgewählt worden wäre?

b) Wie lautet die optimale Lösung der Aufgabe?

Abschließend soll noch ein weiteres heuristisches Eröffnungsverfahren beschrieben werden:

Einfügungsverfahren:

Beginne mit einer Kante oder einer „kurzen" Rundreise durch wenige Städte. Füge dann jeweils einen Knoten bestmöglich in die aktuelle Rundreise ein, wodurch die Rundreise um eine Kante verlängert wird. Wiederhole diesen Schritt, bis alle Knoten des Graphen in der Rundreise enthalten sind.

„Einfügen" bedeutet: Ist in der aktuellen Rundreise die Kante (i, j) enthalten, so überprüfe für alle nicht zur aktuellen Rundreise gehörigen Knoten k, wo der „Umweg" (i, k, j) am kleinsten ausfällt.

In obigem Graphen könnte man beispielsweise mit der „Kurzrundreise" (1,3,5,1), auch *Kurzzyklus* genannt, beginnen. Nun soll Knoten 2 hinzugefügt werden. Dieser kann zwischen Knoten 1 und 3, 3 und 5 oder 5 und 1 eingeschoben werden. Die beste Möglichkeit ist (1,2,3), wobei der „Umweg" die Länge $3+6-2 = 7$ hat. Die neue „Kurzrundreise" lautet dann (1,2,3,5,1). Als letztes ist der Knoten 4 aufzunehmen, die beste Möglichkeit dafür ist die zwischen den Knoten 2 und 3. Endgültig ergibt sich die Rundreise (1,2,4,3,5,1) mit der Länge 22. Dass die gefundene Rundreise dieselbe ist wie die oben ermittelte, ist Zufall. Sie kann ggf. durch Anwendung eines *Verbesserungsverfahrens*, in welchem jeweils zwei (oder mehr) Kanten ausgetauscht werden, noch verkürzt werden.

Wie oben bereits erwähnt wurde, sind *exakte Verfahren*, die garantiert eine optimale Lösung liefern, im Unterschied zu heuristischen Verfahren einerseits sehr kompliziert in ihrer Realisierung, sodass sie den Rahmen und das Anliegen dieses Buches übersteigen. Andererseits sind sie auch überaus rechenaufwendig, insbesondere mit wachsender Anzahl zu besuchender Städte.

48 Die Steuerrechtler und die Mathematiker

Um eine Steuererklärung abgeben zu können, muss man Philosoph sein; es ist zu schwierig für einen Mathematiker.

Albert Einstein

Die Vertreter dieser – auf den ersten Blick sehr verschiedenen – Berufsgruppen haben mehr gemeinsam, als man vielleicht denkt; naturgemäß gibt es auch deutliche Unterschiede zwischen ihnen. Das soll anhand eines konkreten Beispiels demonstriert werden.

Zunächst einmal bestehen beide Gruppen aus sehr genauen Menschen: Juristen im Allgemeinen und Steuerrechtler im Besonderen müssen von Berufs wegen Gesetze auf das Sorgfältigste formulieren, sonst sind Konflikte und gerichtliche Auseinandersetzungen vorprogrammiert. Leider zieht dies oftmals nach sich, dass die entsprechenden Gesetzestexte für den Laien ziemlich unverständlich sind. Mathematiker formulieren prinzipiell sehr exakt, alles muss eindeutig sein und darf keine Missdeutungen zulassen, anderenfalls könnten Algorithmen nicht für Computeranwendungen implementiert werden und Berechnungen würden keine eindeutigen Ergebnisse zeitigen. Leider verstehen Nichtmathematiker die Formeln und Algorithmen der Mathematiker kaum.

Der Unterschied beider Gruppen lässt sich, kurz gesagt, so beschreiben: Juristen lieben Worte, Mathematiker lieben Formeln und Algorithmen. Einig sind sich beide darin, dass das Endergebnis ihrer Darlegungen bezüglich eines bestimmten Sachverhalts eindeutig und in beiden Fällen dasselbe sein muss.

Exemplarisch sollen beide Herangehensweisen an der Berechnung der sog. *Vorsorgepauschale* dargestellt werden, ein Begriff, der im Steuerrecht zwar seit einiger Zeit obsolet geworden ist, der aber dennoch die unterschiedlichen Wege sehr gut verdeutlicht. Dass dieser Begriff veraltet ist, soll uns nicht weiter stören, Gesetze und Gesetzestexte ändern sich ohnehin fast jedes Jahr, die dahinter stehende Mathematik jedoch ist zeitlos.

Im Einkommensteuergesetz (EStG), Stand von Anfang 1993, findet man in § 10c diese Berechnung der Vorsorgepauschale für den Fall eines ledigen rentenversicherungspflichtigen Arbeitnehmers:

> „Die Vorsorgepauschale beträgt 18 v. H. des Arbeitslohns, jedoch
>
> 1. höchstens 6000 DM abzüglich 16 v. H. des Arbeitslohns (*Vorwegabzug*) zuzüglich
> 2. höchstens 2610 DM (*Grundhöchstbetrag*), soweit der Teilbetrag nach Nr. 1 überschritten wird, zuzüglich
> 3. höchstens die Hälfte bis zu 1305 DM, soweit die Teilbeträge nach den Nrn. 1 und 2 überschritten werden (*hälftiger Höchstbetrag*).
>
> Die Vorsorgepauschale ist auf den nächsten durch 54 ohne Rest teilbaren vollen DM-Betrag abzurunden, wenn sie nicht bereits durch 54 ohne Rest teilbar ist."

Alles verständlich? Lesen Sie den Text ruhig noch ein paarmal durch, lieber Leser. Selbst dann bleibt er „starker Tobak".

Natürlich kann man für den Arbeitslohn (was das genau ist, wird ebenfalls im Gesetz erläutert) eine konkrete Zahl einsetzen, beispielsweise den eigenen Arbeitslohn. Wünschenswert wäre es allerdings, eine explizite Formel der Art $V = f(E)$ zu haben, in die man einen **beliebigen** Wert für den Arbeitslohn E einsetzt und daraus die Vorsorgepauschale V leicht berechnet. Getreu dem Motto „Ganz ohne Formeln!" wird eine solche nicht hier, sondern nur im Anhang angegeben. Stattdessen wird der Zusammenhang zwischen Arbeitslohn und Vorsorgepauschale nachstehend grafisch dargestellt, was wohl am anschaulichsten ist; dafür lassen sich leider die V-Werte nur ungefähr ablesen.

Mithilfe dieser Abbildung kann man im Gegensatz zur für den Laien komplizierten Berechnungsvorschrift laut EStG auf einen Blick sehen, welchen Wertverlauf die Vorsorgepauschale in Abhängigkeit vom maßgeblichen Arbeitslohn hat. Dabei gilt: $E_1 = 25\,324$, $E_2 = 33\,000$ bzw. $E_3 = 37\,500$):

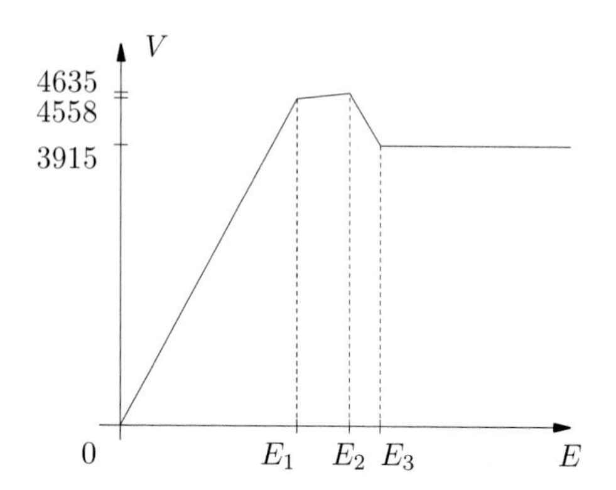

Sehr einfach ist die Abbildung allerdings auch nicht gerade. Aber die zugrunde liegende Berechnungsvorschrift haben sich nicht die Mathematiker, sondern die Steuerrechtler ausgedacht! Was einfacher ist – die verbale Beschreibung laut EStG, die im Anhang auf S. 144 aufgeführte Formel oder die obige Abbildung – liegt jeweils im Auge des Betrachters.

Frage: Wie lautet die Funktion, die den Wert der Vorsorgepauschale V in Abhängigkeit vom Arbeitslohn E beschreibt?

Übrigens, Gesetze bestehen hauptsächlich aus Worten, das weiß man. Gelegentlich allerdings kommt es vor, dass auch Formeln ihren Weg dorthin finden. Neben der eben behandelten Berechnungsvorschrift für die Vorsorgepauschale, die – aus Mathematikersicht: leider! – wieder aus den aktuellen Gesetzestexten verschwunden ist, seien beispielhaft zwei weitere Stellen genannt:

- § 32a des Einkommensteuergesetzes zur Berechnung des Einkommensteuertarifs,

- § 6 nebst Anlage der Preisangabenverordnung, Neufassung vom 18. Oktober 2002 (BGBl. I S. 4197), zuletzt geändert am 11. März 2016 (BGBl. I S. 396). Hier wird detailliert vorgegeben, wie der effektive Jahreszinssatz eines Verbraucherkredits zu berechnen ist, inklusive dem Hinweis auf numerische Lösungsverfahren (vgl. die Geschichte auf S. 20 zum „Fangen eines Löwen").

Da hüpft einem Wirtschaftsmathematiker das Herz im Leibe!

Antworten auf die Fragen

S. 3 (Zwei-Maschinen-Problem): Die Gesamtzeit ist mindestens so lang wie die Summe aller Zeiten beim Frisieren plus die kürzeste Schminkzeit. Dasselbe lässt sich aussagen bezüglich der Summe aller Zeiten beim Schminken plus die kürzeste Zeit für das Frisieren. Von beiden Zahlen hat man die größere zu nehmen. Das ergibt: $\max\{80+6, 79+8\} = \max\{86, 87\} = 87$.

S. 11 (Sekretärinnenproblem): Nein. Wenn r sehr klein gewählt wird, so liegt der „Vergleichsmaßstab" niedrig und die Chance ist groß, eine eher mittelmäßige oder schlechte Kandidatin einzustellen. Wird r sehr groß gewählt (z. B. $r = n-2$), so ist das bisher gefundene Niveau hoch, aber es kommen nur noch wenige Bewerberinnen, aus denen gewählt werden kann, sodass die Chance gering ist, eine noch bessere Bewerberin zu finden.

S. 12 (Body Mass Index): a) Um K^2 (Körpergröße zum Quadrat) Kilogramm;

b) $\frac{1}{100}\cdot$ BMI bzw. 1 %;

c) $\text{BMI} = \frac{\text{Weight in pounds}}{(\text{Height in inches})^2} \cdot 703$.

S. 17 (Adam Ries): *Abschätzung:* Bei den Kosten wird aufgerundet, beim Verkaufserlös abgerundet. Damit ergeben sich höchstens Kosten von $2 \cdot 22 \cdot 14 + 34 = 650$ fl. Der Verkauf erbringt mindestens $44 \cdot 12 = 528$ Ungarische Gulden. Weiterhin nehmen wir an, dass 100 Ungarische Gulden 136 Rheinische gulden wert sind (indem wir wiederum abrunden). Das ergibt $\frac{528\cdot 136}{100} = 718\frac{8}{100}$ fl, also mehr als 718 fl. Die Differenz aus Verkaufserlös und Einkaufspreis plus Fuhrlohn ist positiv, also hat der Händler Gewinn gemacht.

Exakte Rechnung: 2 Saum plus Fuhrlohn kosten $2 \cdot 22 \cdot 13\frac{1}{2} + 34 = 628$ fl (Rheinische Gulden). Der Verkauf bringt $44 \cdot 12\frac{7}{8}$ Ung. Gulden $= \frac{4532}{8}$ Ung. Gulden, wobei 100 Ung. Gulden = 136 fl 1 Ort $= \frac{545}{4}$ (Rheinische) fl sind. Bezeichnet nun x den Verkaufspreis in Rheinischen Gulden, so gilt $x = \frac{4532}{8} \cdot \frac{545}{4} \cdot \frac{1}{100}$ fl $= \frac{2469940}{3200}$ fl $= 771\frac{137}{160}$ fl. In Rheinischer Währung bleibt also ein Gewinn von 143 fl 17 ß $1\frac{1}{2}$ hlr.

S. 19 (Schnäppchenjägerinnen): a) 20 % der Kaufsumme müssen mindestens 10 € betragen, also muss die Kaufsumme bei 50 € oder höher liegen.

b) $0,19 : 1,19 = 15,97\,\%$

S. 24 (Löwen fangen): $x^* = 1,7997\ldots \approx 1,8$.

S. 28 (Entfernungen messen): $d_E = \sqrt{x_2 - x_1)^2 + (y_2 - y_1)^2}$ (euklidischer Abstand); $d_M = |x_2 - x_1| + |y_2 - y_1|$ (Manhattan-Abstand)

S. 32 (Eckige Kreise): a) Offensichtlich gehören die Punkte $(1,0$, $(0,1)$, $(-1,0)$ und $(0,-1)$ zum Einheitskreis, ebenso wie deren vier Verbindungsstrecken. Im 1. Quadranten bspw. lautet die Gleichung der Verbindungsstrecke $x + y = 1$.

b) Quadrat mit den Eckpunkten $(1,1)$; $(1,-1)$; $(-1,-1)$; $(-1,1)$

S. 37 (Zuschnittoptimierung):

	V7	V8	V9	V10	V11	V12	V13	V14	V15	V16	V17	V18
S1	1	1	1	1	1	0	0	0	0	0	0	0
S2	4	3	2	1	0	6	5	4	3	2	1	0
S3	1	2	4	6	7	0	2	3	5	7	8	10
Rest	10	75	45	15	80	45	15	80	50	20	85	55

S. 47 (Hotel auf dem Mars): Ja. In den Zimmer 1 bis 100; der bereits im Hotel wohnende Gast aus Zimmer n zieht dann nach $n+100$, $n = 1, 2, \ldots$. Bei unendlich vielen Neuankömmlingen ziehen diese in alle Zimmer mit ungeraden Nummern, die bisherigen Hotelbewohner ziehen in die Zimmer mit geraden Nummern nach der Vorschrift $n \to 2n$.

S. 76 (Bäume und Spannbäume): Ja, 4 - 2 - 1 - 3 - 5.

S. 79 (Kredit à la Tschechow): a) 120

b) Bei einer vollständigen Tilgung nach nur fünf Jahren muss der Effektivzinssatz niedriger sein als bei einer Tilgung innerhalb von zehn Jahren, denn die Zahlungen sind gleich.

c) Bei einem Zinssatz von null Prozent wäre der Kredit nach vier Jahren und zwei Monaten getilgt, daher ist eine vollständige Tilgung in weniger als fünf Jahren bei sehr kleinen Zinssätzen möglich.

S. 85 (Dirichlet'scher Schubfachschluss): Er muss mindestens 12 Socken herausnehmen, denn die ersten 10 könnten alle schwarz sein.

S. 100 (Gesprungen und geknickt):

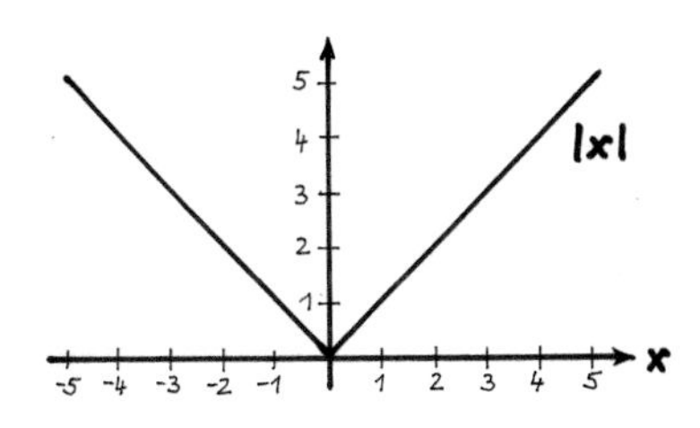

S. 115 (Briefträgerproblem): (a) Quadrat: Der Graph enthält bereits einen Eulerkreis.

(b) Haus vom Nikolaus: Es ist eine Kante zwischen den Knoten A und E zu ergänzen.

(c) Königsberger Brückenproblem: Es gibt folgende Möglichkeiten: Hinzufügen der zusätzlichen Kanten AB, CD oder AD, BC, was zwei zusätzlichen Brücken entspricht. Möglich wäre auch, die Kanten AB, BC, BD zu ergänzen, was drei neuen Brücken entspräche.

S. 136 (Rundreiseproblem): a) 3 – 1 – 2 – 4 – 5 – 3; Länge: 17

b) Die in a) ermittelte Lösung ist optimal.

S. 140 (Vorsorgepauschale):

$$V = f(E) = \begin{cases} 0,18 \cdot E & \text{für} \quad 0 \leq E < 25\,324, \\ 0,01 \cdot E + 4\,305 & \text{für} \quad 25\,324 \leq E < 33\,000, \\ 9\,915 - 0,16 \cdot E & \text{für} \quad 33\,000 \leq E < 35\,500, \\ 3\,915 & \text{für} \quad 37\,500 \leq E \end{cases}$$

Zur Herleitung siehe Luderer B., Paape C., Würker U.: Arbeits- und Übungsbuch Wirtschaftsmathematik. 6. Aufl., Vieweg + Teubner, Wiesbaden 2011, S. 164 ff. Die Rundung auf einen durch 54 teilbaren Wert kann man so durchzuführen, dass durch 54 dividiert, der entstehende gebrochene Anteil weggelassen und anschließend wieder mit 54 multipliziert wird.

Glossar

Ableitung	– Begriff der *Differenzialrechnung*; die Ableitung in einem Punkt beschreibt den Anstieg der Tangente an den Graphen der Funktion in diesem Punkt, sofern sie existiert ▶ S. 7, 12
Abstand	– auch *Distanz* oder *Entfernung* genannt; der Abstand zweier Punkte (auf einer Geraden, in der Ebene oder im Raum) ist die Länge der kürzesten Verbindungsstrecke zwischen den beiden Punkten („Luftlinie"); allgemeinere Abstandsbegriffe lassen sich mithilfe von *Metriken* bzw. *Normen* definieren ▶ S. 26, 129
Adam Ries	– deutscher mittelalterlicher Rechenmeister (1492–1559); verfasste mehrere Lehrbücher in deutscher Sprache, darunter „Rechnung auff der Linihen und Federn" sowie die „Coß"; die von ihm beschriebenen Aufgaben sind allesamt sehr praxisorientiert ▶ S. 14
Algorithmus	– Vorschrift zur Lösung eines Problems, bestehend aus endlich vielen Schritten; Vorstufe eines Computerprogramms; während ein *exakter* Algorithmus die optimale Lösung eines Problems findet, wobei jedoch der Rechenaufwand sehr hoch sein kann, liefert ein *heuristischer* Algorithmus mit relativ geringem Aufwand eine meist gute, aber nicht notwendig optimale Lösung ▶ S. 20, 67, 104, 129
Allaussage	– Aussage, die für alle zu einer bestimmten Menge gehörigen Elemente richtig ist; eine Allaussage kann mit einem einzigen Gegenbeispiel widerlegt werden ▶ S. 38

Ameisenoptimierung – heuristisches Verfahren der diskreten Optimierung, basierend auf dem Verhalten von Ameisen bei der Futtersuche; entsprechende Algorithmen haben vielfältige Anwendungen (Rundreiseproblem, Problem des kürzesten Weges, Personaleinsatzplanung bei Fluglinien, Losgrößenoptimierung) ▶ S. 29

Anfangsverfahren – heuristisches Verfahren zum Finden einer zulässigen Lösung in diskreten Optimierungsproblemen; ist die gefundene Lösung noch nicht optimal, so kommen anschließend Verbesserungsverfahren zum Einsatz; Beispiele sind die Methode des minimalen Elements und die Nord-West-Ecken-Regel in der Transportoptimierung bzw. das Verfahren des nächsten Nachbars und das Einfügungsverfahren bei Rundreiseproblemen ▶ S. 67, 133

Anleihe – festverzinsliches Wertpapier mit fester (Rest-) Laufzeit und gegebenem Kupon (Nominalzinssatz); auch *Bond* genannt ▶ S. 43

Äquivalenzprinzip – wichtigstes Prinzip der Finanz- und der Versicherungsmathematik; verschiedene Zahlungen oder Zahlungsströme werden – bezogen auf einen festen Zeitpunkt – einander gegenübergestellt; häufigste Ausprägungen sind der *Bar-* und der *Endwertvergleich*; das Äquivalenzprinzip dient oftmals zur Berechnung des zugrunde liegenden Effektivzinssatzes ▶ S. 63

Arten der Verzinsung – *lineare* (einfache), *exponentielle* (geometrische) bzw. *stetige* Verzinsung (auch Augenblicksverzinsung genannt) sind die am häufigsten anzutreffenden Zinsmodelle ▶ S. 43, 63

Ausgleichsrechnung – von Carl Friedrich Gauß Ende des 18. Jahrhunderts entwickeltes Verfahren im Zusammenhang mit der Berechnung von Planetenbahnen und der Landesvermessung; siehe „Methode der kleinsten Quadratsumme“ ▶ S. 55

Barwert – *Gegenwartswert*, engl. *present value*; Wert einer Zahlung zum Zeitpunkt null; das Äquivalent einer zu einem zukünftigen Zeitpunkt fälligen Zahlung bei gegebenem Zinssatz; Zeitwert einer Zahlung, der sich auf den Beginn einer finanziellen Vereinbarung bezieht ▶ S. 43, 63

Barwertvergleich – Form des *Äquivalenzprinzips*, die sich auf den Zeitpunkt null bezieht ▶ S. 63

Baum – spezieller ungerichteter *Graph*, der zusammenhängend ist und keine Kreise enthält; die Anzahl der Kanten eines Baumes ist um eins kleiner als die Anzahl seiner Knoten ▶ S. 74

Branch-and-Bound-Verfahren – engl. *Zweige und Schranken*; in der diskreten Optimierung angewandte Methode, die ein Optimierungsproblem in kleinere und einfacher zu lösende Probleme zerlegt (Verzweigung); mittels berechneter Schranken werden ganze Zweige ausgesondert, deren weitere Untersuchung nicht lohnend ist ▶ S. 87, 133

Briefträgerproblem – Fragestellung, bei welcher der kürzeste Weg in einem Graphen gesucht ist, der – beginnend und endend bei einem fixierten Knoten – alle Kanten des Graphen mindestens einmal enthält ▶ S. 109

Cashflow – siehe „Zahlungsstrom“

Centerproblem – Minimaxproblem der Standortoptimierung, bei dem es darum geht, einen oder mehrere neue Standorte auszuwählen, so dass der maximale Abstand zwischen diesen und bereits vorhandenen (zu versorgenden oder zu beliefernden) Standorten minimal wird ▶ S. 129

Cost-Average-Effekt – *Durchschnittskosteneffekt*; entsteht bei der regelmäßigen Anlage gleich bleibender Beträge in Wertpapiere (z. B. in Fonds); bei niedrigerem Preis werden mehr Fondsanteile gekauft, bei höherem entsprechend weniger; dies kann (muss aber nicht) zu einer höheren Rendite der Geldanlage führen ▶ S. 61

Derivat	– Finanzinstrument, dessen Wert von den künftigen Preisen des Basisguts (Aktie, Index, Zinssatz, Rohstoff etc.) abhängt; „abgeleitetes" Produkt (lat. *derivare*: ableiten); Derivate dienen dem Transfer von Risiken; Beispiele sind: Termingeschäfte, Swaps, Optionen oder Zertifikate ► S. 48, 97
Differenzial	– Ausdruck, der den Hauptanteil der Funktionswertänderung einer Funktion in einem festen Punkt beschreibt (= näherungsweise Änderung des Funktionswertes), wenn sich die unabhängige Veränderliche ändert; Produkt aus *Ableitung* der Funktion in diesem Punkt und der Veränderung des Arguments ► S. 7, 12
Dijkstra-Algorithmus	– Algorithmus, der in einem bewerteten Graphen den kürzesten Weg zwischen zwei Knotenpunkten berechnet ► S. 90
Dirichlet'scher Schubfachschluss	– nach dem deutschen Mathematiker Dirichlet benanntes Prinzip, das es erlaubt, bestimmte Aussagen über endliche Mengen zu treffen; auch als *Taubenschlagprinzip* bezeichnet ► S. 84
diskontieren	– *abzinsen*; um den Barwert (d. h. heutigen Wert) einer in der Zukunft fälligen Zahlung zu ermitteln, muss diese mit einem gegebenen Zinssatz diskontiert werden, wodurch sie kleiner wird (bei positivem Zinssatz) ► S. 106
diskrete Optimierung	– auch als *ganzzahlige* oder *kombinatorische* Optimierung bezeichnet; im Unterschied zur klassischen (kontinuierlichen) Optimierung dürfen einige oder alle Variablen nur ganzzahlige Werte annehmen ► S. 90, 104, 109, 133
Effektivzinssatz	– Synonym für *Rendite*; sich i. Allg. auf ein Jahr beziehender, tatsächlicher, durchschnittlicher Zinssatz, der alle Besonderheiten eines Finanzgeschäfts (bestimmte Gebühren, Auf- oder Abschläge, zeitliche Verschiebungen, nicht vollständige Auszahlung, unterjährige Verzinsung etc.) berücksichtigt ► S. 43, 63, 78

effiziente Menge – auch *Pareto-Menge* genannt (nach dem Italiener Pareto); in der Mehrzieloptimierung eine Menge zulässiger Punkte mit der Eigenschaft, dass es keinen anderen zulässigen Punkt gibt, der bezüglich aller Zielfunktionen mindestens gleich gut und bezüglich einer Zielfunktion echt besser ist ▶ S. 123

Einheitskreis – Kreis mit dem Radius eins; vgl. „Kreis“

Einkommensteuertarif – mathematische Funktion, die den Steuersatz bzw. die zu zahlende Steuer in Abhängigkeit vom zu versteuernden Einkommen beschreibt; vgl. Einkommensteuergesetz § 32 a ▶ S. 138

Elastizität – in den Wirtschaftswissenschaften verwendetes Maß, das die relative Änderung einer abhängigen Variablen in Abhängigkeit von der relative Änderung der unabhängigen Variablen angibt; grob gesprochen: Um wie viel Prozent verändert sich die abhängige Variable, wenn sich die unabhängige Variable um 1 % ändert? ▶ S. 7, 12

Endwert – Zeitwert einer Zahlung, der sich auf das Ende einer finanziellen Vereinbarung bezieht ▶ S. 43, 63

Erweiterung eines Graphen – das Hinzufügen von Kanten zu einem Graphen, um bestimmte Eigenschaften zu erzielen (z. B. um einen Eulergraphen zu konstruieren); in bewerteten Graphen ist oftmals eine *kostenminimale* Erweiterung gesucht ▶ S. 109

euklidischer Abstand – Länge der Strecke zwischen zwei Punkten (x_1, y_1) und (x_2, y_2) in der Ebene („Luftlinie“): $d = \sqrt{(x_2 - x_1)^2 + (y_2 - y_1)^2}$; eine analoge Formel gilt im drei- bzw. n-dimensionalen Raum ▶ S. 26, 129

Eulerkreis – auch *Eulertour* genannt; in der Graphentheorie ein *Zyklus*, der alle Kanten eines Graphen genau einmal enthält; müssen dabei Start- und Endknoten nicht identisch sein, spricht man von einem *Eulerweg* ▶ S. 51, 109

ewige Rente	– zeitlich unbegrenzte regelmäßige Zahlungen; gutes Näherungsmodell für zeitlich begrenzte Renten mit langer Laufzeit ▶ S. 106
exaktes Verfahren	– Verfahren, das unter Garantie die optimale Lösung einer Optimierungsaufgabe liefert; vgl. „heuristisches Verfahren“ ▶ S. 3, 90, 120
Exponentialverteilung	– stetige Wahrscheinlichkeitsverteilung, beschrieben durch eine Exponentialfunktion; mit ihrer Hilfe wird vor allem die Dauer von zufälligen Zeitintervallen modelliert (z. B. die Zeit zwischen zwei Anrufen) ; sie findet u. a. in der Warteschlangentheorie und der Versicherungsmathematik Anwendung ▶ S. 126
Fallunterscheidung	– Berechnungs- bzw. Beweismethode, bei der der zu untersuchende Sachverhalt in mehrere durchschnittsfremde Fälle aufgeteilt wird, die einzeln untersucht werden ▶ S. 38
Finanzmathematik	– Teilgebiet der angewandten Mathematik, das sich mit Fragestellungen aus dem Bankenbereich beschäftigt; die „klassische“ Finanzmathematik fußt auf elementarer Mathematik und umfasst die Gebiete Zins- und Zinseszinsrechnung, Renten-, Tilgungs- und Kursrechnung sowie die Ermittlung von Renditen; die „moderne“, stochastische Finanzmathematik setzt tiefliegende Mittel der Stochastik ein, um bspw. theoretische Barwerte von Finanzprodukten, insbesondere von Finanzderivaten (risikoneutral) zu ermitteln ▶ S. 43, 48, 78, 106
Forward Rate	– Zinssatz für einen zukünftigen Zeitraum, den sich ein Anleger bereits heute mithilfe geeigneter Finanzprodukte sichern kann; die Forward Rates werden aus den Spot Rates berechnet
Funktion	– mathematischer Ausdruck, der den Zusammenhang zwischen einer oder mehreren unabhängigen Variablen (Inputgrößen) und einer abhängigen Variablen (Output) beschreibt ▶ S. 1, 99

Gantt-Diagramm	–	nach seinem Erfinder benannte grafische Darstellung, die die zeitliche Abfolge von Aktivitäten eines Projekts übersichtlich darstellt ▶ S. 3
Gerüst	–	auch *aufspannender Baum* oder *Spannbaum* genannt (engl. *spanning tree*); Teilgraph eines ungerichteten Graphen, der ein Baum ist und alle Knoten des gegebenen Graphen enthält; in bewerteten Graphen ist oftmals das Finden eines *Minimalgerüsts* von Interesse ▶ S. 74
Gini-Koeffizient	–	statistische Maßzahl zur Beurteilung von Ungleichverteilungen, siehe „Lorenzkurve" ▶ S. 71
Graph	–	Gebilde aus Knoten, Kanten bzw. Pfeilen; abstrakte mathematische Struktur, die den Zusammenhang von Objekten beschreibt; ein *ungerichteter* Graph enthält nur Kanten, ein *gerichteter* nur Pfeile; in *bewerteten* Graphen ist jeder Kante bzw. jedem Pfeil eine Zahl (Länge, Kapazität, Kosten etc.) zugeordnet ▶ S. 51, 74, 90, 109, 133
Graphentheorie	–	Teilgebiet der Mathematik, das die Eigenschaften von Graphen untersucht; enge Verbindungen bestehen zur diskreten Mathematik, zur mathematischen Optimierung und der Informatik ▶ S. 74, 90, 109
Guillotine-Schnitt	–	Art des Zuschnitts (vgl. „Zuschnittoptimierung"), bei dem ein Ausgangsteil vollständig durchgeschnitten wird ▶ S. 33
Hamiltonkreis	–	geschlossener Weg in einem Graphen, der jeden Knoten genau einmal enthält ▶ S. 133
Hedging	–	Absicherung gegen Risiken; Gegenstück zur *Spekulation* ▶ S. 97
heuristisches Verfahren	–	Lösungsverfahren für Optimierungsaufgaben, das einfach und leicht zu implementieren ist und eine i. Allg. gute, aber nicht notwendig optimale Lösung liefert; es wird eingesetzt, wenn analytische oder „exakte" Verfahren aufgrund langer Rechenzeit oder hohen Speichplatzbedarfs versagen ▶ S. 29, 40, 74, 109, 133

Irrtumswahr-scheinlichkeit	– Begriff aus der mathematischen Statistik, der speziell beim Test von Hypothesen von Bedeutung ist; eine sog. *Nullhypothese* kann zurückgewiesen werden, obwohl sie in Wirklichkeit wahr ist (Irrtum) ▶ S. 65
Johnson-Regel	– explizite Vorschrift zur Lösung von Maschinenbelegungsproblemen mit zwei Maschinen ▶ S. 3
Kassageschäft	– Finanzgeschäft, bei dem bestimmte Basiswerte (Rohstoffe, Finanzprodukte etc.) erworben werden, wobei Kauf und Lieferung „sofort" (in der Praxis: spätestens zwei Tage nach Geschäftsabschluss) zu erfüllen sind; Gegenstück: *Termingeschäft* ▶ S. 97
Knotengrad	– im ungerichteten Graphen (ohne Mehrfachkanten): Anzahl der mit einem Knoten verbundenen Kanten bzw. Anzahl der Nachbarknoten; im gerichteten Graphen: Differenz aus eingehenden und ausgehenden Pfeilen ▶ S. 51, 109
Konfidenzinter-vall	– auch *Vertrauensbereich*; in der Statistik: Intervall, das einen Parameter (z. B. Mittelwert) mit einer bestimmten Wahrscheinlichkeit überdeckt ▶ S. 65
Königsberger Brückenproblem	– historische mathematische Fragestellung, bei der es darum geht, die Anfang des 18. Jahrhunderts in Königsberg existierenden sieben Brücken entlang eines geschlossenen Weges genau einmal zu überqueren bzw. – spezieller – einen Rundweg (Kreis) zu finden, sodass also Ausgangs- und Endpunkt identisch sind ▶ S. 51
Kreis	– in der Graphentheorie: *Zyklus*, in dem (außer dem Start- und Endknoten) alle Knoten verschieden sind ▶ S. 31, 51, 109, 133
Kreisdiagramm	– in der Beschreibenden Statistik Darstellungsform für Anteile an einem Ganzen; dabei wird ein Kreis in mehrere Kreissektoren eingeteilt, deren Größe den relativen Anteilen entspricht; bei einer dreidimensionalen Darstellung spricht man von einem *Tortendiagramm* ▶ S. 80

Kupon – *Nominalzinssatz* einer Anleihe; jeweils jährlich (oder auch unterjährig) nachschüssig zahlbar; der Begriff kommt historisch daher, dass vom sog. *Bogen*, der zu einem Wertpapier gehörte, zum Zins- oder Dividendentermin der Kupon abgeschnitten und der Depotbank zur Auszahlung vorgelegt wurde ► S. 43

Kurs – Preis eines Wertpapiers an der Börse; ergibt sich aus Angebot und Nachfrage; der *theoretische Kurs (faire Wert)* einer Anleihe ergibt sich als Barwert aller durch die Anleihe generierten Zahlungen, berechnet mit dem aktuellen Marktzinssatz ► S. 43

Kursrisiko – das für den Besitzer einer Anleihe bestehende Risiko, bei steigendem Marktzinssatz und vorzeitigem Verkauf der Anleihe Verluste zu erleiden ► S. 43

Lagerbestandsfunktion – „nichtklassische“ (weil weder stetige noch differenzierbare) Funktion, die den Bestand in einem Lager in Abhängigkeit von der Zeit beschreibt; wegen ihres Aussehens wird sie oftmals auch als *Sägezahnfunktion* bezeichnet ► S. 99

lexikografische Ordnung – Methode, um gezielt eine Ordnung von Elementen zu erzeugen; so sind Wörter in einem Lexikon (daher der Name) so angeordnet, dass sie zunächst nach den Anfangsbuchstaben sortiert werden, stimmen diese überein, so kommt der zweite Buchstabe zum Tragen usw.; die Methode wird oftmals in Optimierungsproblemen angewendet, um zulässige Varianten zu beschreiben bzw. zu erzeugen ► S. 33

Linearisierung – Ersetzen eines (komplizierten) funktionalen Zusammenhangs durch einen linearen (Approximation einer gekrümmten Kurve durch eine Gerade), um eine Modellvereinfachung zu erreichen; oftmals in Mathematik, Wirtschafts- und Naturwissenschaften angewendeter Zugang ► S. 7

Lorenzkurve – Hilfsmittel zur grafischen Veranschaulichung des Maßes an Ungleichheit bzw. Konzentration; wird bspw. genutzt, um die Einkommensverteilung der Bevölkerung eines Landes zu verdeutlichen ► S. 71

„Löwenfangmethode“ – Verfahren zur Berechnung der Nullstelle einer Funktion; die einfachsten Methoden sind die *Intervallhalbierung* und das *Sekantenverfahren*; vgl. „numerisches Lösungsverfahren“ ▶ S. 20, 43, 63, 78

Manhattan-Abstand – hierbei wird die Entfernung zwischen zwei Punkten (x_1, y_1), (x_2, y_2) – im Unterschied zum *euklidischen Abstand* – als Summe der absoluten Differenzen ihrer Einzelkoordinaten definiert, d. h. $d = |x_2 - x_1| + |y_2 - y_1|$ ▶ S. 26

Markowitz-Modell – Modell der *Portfoliooptimierung* zur effizienten Auswahl von Wertpapieren ▶ S. 123

Matchingproblem – auch *Paarung* genannt; Aufgabe der Graphentheorie, bei der es darum geht, Zuordnungen zwischen Elementen zu finden, die bestimmten Kriterien genügen ▶ S. 109

Median – auch *Zentralwert* genannt; Lageparemeter (Mittelwert) in der beschreibenden Statistik; sortiert man (mindestens ordinale) Merkmalswerte der Größe nach, so ist der Median der mittlere davon (falls die Anzahl der Merkmalswerte ungerade ist) bzw. das arithmetische Mittel der beiden mittleren Werte (bei gerader Anzahl); er teilt Daten so in zwei gleich große Teile, dass die Werte der ersten Hälfte nicht größer und die des zweiten Teils nicht kleiner als der Medianwert sind ▶ S. 71

Medianproblem – siehe „Steiner-Weber-Problem“

Mehrzieloptimierung – auch *mehrkriterielle* oder *Vektoroptimierung*; Gebiet der angewandten Mathematik, in dem Aufgaben modelliert und gelöst werden, die – im Unterschied zur klassischen Optimierung – nicht nur eine, sondern mehrere Zielfunktionen aufweisen; da deren Optima in der Regel nicht gleichzeitig angenommen werden, besteht die Lösung solcher Aufgaben im Finden „bester“ Kompromisse (siehe „effiziente Menge“) ▶ S. 123

Methode der kleinsten Quadratsumme – engl. *least squares method*; Methode, mit deren Hilfe die Punkte in einem Streudiagramm bestmöglich durch eine Kurve aus einer bestimmten Klasse (im einfachsten Fall durch eine Gerade) angenähert werden ▶ S. 55

Mittelwert – ein nach bestimmten Vorschriften aus gegebenen Zahlen berechneter Wert; am bekanntesten sind das *arithmetische, geometrische* und *harmonische* Mittel; in der beschreibenden Statistik ein wichtiger Lageparameter zur Charakterisierung von Verteilungen ▶ S. 61, 71

Niveaulinie – auch *Höhenlinie* genannt; alle Punkte, die auf dieser Linie liegen, besitzen den gleichen Funktionswert ▶ S. 120

Nominalzinssatz – vereinbarter („genannter") Zinssatz ▶ S. 43, 106

Nominalwert – auch *Nennwert*; angegebener Wert eines Wertpapiers; aufgrund der an der Börse oder außerbörslich gehandelten Kurse weicht der *Kurswert* in der Regel davon ab ▶ S. 43

Normalverteilung – wichtige stetige Wahrscheinlichkeitsverteilung, deren grafische Darstellung die Form einer Glocke besitzt (Gauß'sche Glockenkurve); viele Vorgänge in den Natur- und Wirtschaftswissenschaften sowie im Bereich der Technik genügen (näherungsweise) einer Normalverteilung; in der Versicherungsmathematik werden mit ihrer Hilfe bestimmte Schäden modelliert ▶ S. 53

numerisches Lösungsverfahren – (meist unendlichstufiges) Verfahren zur Ermittlung der Nullstelle einer Funktion bzw. der Lösung einer Gleichung; der Abbruch erfolgt bei Erreichen oder Unterschreiten einer bestimmten Genauigkeitsschranke; wird immer dann angewendet, wenn das Lösen mithilfe einer Formel oder eines endlichen Algorithmus nicht möglich ist; Beispiele: *Intervallhalbierung*, *Sekanten-* und *Tangentenverfahren* ▶ S. 20, 43, 63, 78

Online-Optimierung	– Teilgebiet der Wirtschaftsmathematik, bei dem Unsicherheiten dadurch auftreten, dass zukünftige Daten bzw. Aufträge nicht bekannt sind; die Struktur des betrachteten Problems ist zwar von Anfang an bekannt, die konkreten Daten gehen aber erst im Laufe der Zeit ein ▶ S. 40
Operations Research	– auch *Unternehmensforschung* genannt; interdisziplinäres Teilgebiet der angewandten Mathematik, dass sich mit der Entwicklung von Modellen und Lösungsmethoden zur Entscheidungsunterstützung in wirtschaftlichen Fragestellungen befasst; Teilgebiete sind u. a.: Optimierung (lineare, nichtlineare, ganzzahlige, dynamische), Zuschnittoptimierung, Mehrzieloptimierung, Graphentheorie, Spieltheorie, Warteschlangentheorie, stochastische Simulation, Netzplantechnik
optimale Lösung	– diejenige zulässige Lösung, die einer Zielfunktion den besten (kleinsten bei Minimierung, größten bei Maximierung) Wert verleiht ▶ S. 3, 33, 67, 120
Optimierungsaufgabe	– mathematisches Modell eines Problems, in dem unter Einhaltung gewisser *Nebenbedingungen* (Beschränkungen, Restriktionen) eine gegebene *Zielfunktion* zu maximieren oder zu minimieren ist; je nach Art der vorkommenden Größen unterscheidet man zwischen linearen, quadratischen, nichtlinearen, diskreten und anderen Optimierungsaufgaben ▶ S. 101, 120
Option	– Recht, eine bestimmte Sache (Basisgut, Underlying) in einer bestimmten Menge zu einem festgelegten zukünftigen Zeitpunkt zu einem vereinbarten Preis zu kaufen oder zu verkaufen; eine Kaufoption wird *Call*, eine Verkaufsoption *Put* genannt ▶ S. 48, 97
Pareto-Menge	– siehe „effiziente Menge“
Plain-Vanilla-Produkt	– standardisiertes, einfaches Produkt (Anleihe, Option, Floater, Swap etc.) ohne jegliche Besonderheiten ▶ S. 48

Poissonverteilung – diskrete Wahrscheinlichkeitsverteilung, mit der die Anzahl von Ereignissen modelliert werden kann, die unabhängig voneinander in einem bestimmten Zeitintervall oder Gebiet eintreten ▶ S. 126

Portfoliooptimierung – Methode zur optimalen Zusammenstellung eines Portfolios aus Wertpapieren unter Berücksichtigung der Volatilität (als Risikomaß) und der erwarteten Rendite der Papiere ▶ S. 123

Preisangabenverordnung – Gesetz über Vorschriften bei der Preisangabe; mathematisch interessant ist insbesondere § 6 samt Anlage, wo die gesetzlich anzuwendende Methode zur Berechnung des Effektivzinssatzes von Verbraucherdarlehen detailliert beschrieben wird ▶ S. 63, 138

Problem des kürzesten Weges – engl. *shortest path problem*; Aufgabenstellung der Graphentheorie, bei der in einem bewerteten Graphen der kürzeste Weg zwischen zwei Knoten (d. h. der Weg mit der geringsten Gesamtbewertung) gesucht ist; oftmals ein Teilproblem innerhalb anderer Fragestellungen ▶ S. 90

Punktwolke – siehe „Streudiagramm“

Rechnung auff der Linihen – mittelalterliche Rechenmethode, bei welcher auf einem Rechenbrett bzw. Rechentisch Berechnungen mithilfe von Rechenpfennigen durchgeführt werden (vgl. Abakus-Rechnen); das – heutzutage übliche – Gegenstück ist das „Rechnen auf der Feder“, das schriftliche Ziffernrechnen; diesbezügliche Veröffentlichungen des Rechenmeisters Adam Ries und anderer waren seinerzeit sehr populär ▶ S. 14

Regression – statistisches Verfahren, bei dem eine abhängige Variable durch eine oder mehrere unabhängige Variablen (näherungsweise) erklärt wird, wozu entsprechende Regressionskoeffizienten berechnet werden; bei der *linearen* Regression geschieht das auf lineare Weise; siehe „Methode der kleinsten Quadratsumme“ ▶ S. 55

Regressionsgerade – Gerade (linearer Zusammenhang), die die Punkte in einem Streudiagramm bestmöglich annähert; mit ihrer Hilfe werden quantitative Zusammenhänge zwischen verschiedenen Größen aufgezeigt bzw. Prognosewerte ermittelt ▶ S. 55

Relaxation – das Weglassen oder Lockern von Nebenbedingungen in Optimierungsaufgaben, um einfacher lösbare Aufgaben zu erhalten (Beispiel: Nichtbeachten von Ganzzahligkeitsforderungen in ganzzahligen linearen Optimierungsaufgaben); dabei vergrößert sich der zulässige Bereich, sodass bei einem Minimumproblem der optimale Zielfunktionswert der relaxierten Aufgabe kleiner oder gleich dem der ursprünglichen Aufgabe ist (bei einem Maximierungsproblem entsprechend größer oder gleich) ▶ S. 87

Rendite – siehe „Effektivzinssatz"

Rentenrechnung – über n Perioden hinweg in regelmäßigen Abständen geleistete n Zahlungen werden unter Berücksichtigung anfallender Zinsen zu **einem** Betrag zusammengefasst; da der Wert einer Zahlung vom Zeitpunkt abhängt, zu dem diese fällig ist, kann man sowohl den*Rentenendwert* als auch den *Rentenbarwert* berechnen ▶ S. 43, 78, 106

Rucksackproblem – engl. *knapsack problem*; Aufgabenstellung des Operations Research, bei der aus einer Menge von Gegenständen, die jeweils ein Gewicht und einen Nutzen besitzen, eine Teilmenge so ausgewählt werden soll, dass deren Gesamtgewicht eine gegebene Schranke nicht überschreitet und der Gesamtnutzen maximiert wird; das Problem hat zahlreiche innermathematische und praktische Anwendungen; eine Modifikation besteht darin, dass neben dem Gewicht auch das Volumen berücksichtigt wird ▶ S. 104

Rundreiseproblem – auch *Problem des Handlungsreisenden*, engl. *travelling salesman problem*; kombinatorisches Optimierungsproblem: zu bestimmen ist diejenige Reihenfolge, in der eine Anzahl von Orten zu besuchen ist, sodass die Gesamtstrecke des Handlungsreisenden kürzestmöglich ist (bzw. die Zeit oder die Kosten minimal sind), wobei Anfangs- und Endpunkt übereinstimmen ► S. 133

Sattelpunkt – stationärer Punkt einer Funktion, der kein Extrempunkt ist, d. h., in gewissen Richtungen wächst der Funktonswert, in anderen fällt er (anschaulich „Pferdesattel"); vgl. den Begriff des *Nash-Gleichgewichts* in Zweipersonen-Nullsummenspielen in der Spieltheorie ► S. 94

Sättigungsbedingung – Lösbarkeitsvoraussetzung in einem linearen Transportproblem, die besagt, dass die Summe der Angebotsmengen aller Lieferanten gleich der Summe der Bedarfsmengen aller Verbraucher sein muss ► S. 67

Sättigungsprozess – Wachstumsprozess (bzw. einen diesen Prozess beschreibende Funktion), der sich im Laufe der Zeit immer mehr einer Obergrenze annähert; siehe „S-Funktion" ► S. 116

Schnappschussproblem – Optimierungsaufgabe, die im Rahmen der Online-Optimierung dadurch entsteht, dass zukünftig eintretende Veränderungen von Daten unbeachtet bleiben und nur auf die augenblicklich vorliegenden Daten zurückgegriffen wird ► S. 40

Schranke – Abschätzung eines Ausdrucks oder des optimalen Zielfunktionswertes einer Optimierungsaufgabe (nach unten, nach oben oder beidseitig); Beispiele: der Funktionswert der Funktion $f(x) = 1 + \frac{1}{x}$ ist für $x > 0$ stets größer als eins; der Wert $\sin z$ liegt für beliebige reelle Zahlen z stets im Intervall $[-1, 1]$; der Zielfunktionswert in der Methode der kleinsten Quadratsumme ist stets größer oder gleich null ► S. 55, 87

Sekretärinnenproblem – auch *Mitgift-* oder *Heiratsproblem* genannt; aus einer festen Anzahl von Kandidaten soll der beste (oder zumindest ein möglichst guter) ausgewählt werden, wobei die Kandidaten der Reihe nach bewertet werden und eine Auswahlentscheidung sofort nach der Beurteilung erfolgt ▶ S. 8

S-Funktion – auch *logistische* Funktion genannt; beschreibt *Sättigungsprozesse* (= spezielle Wachstumsprozesse) in Abhängigkeit von der Zeit; Anwendungen findet man bspw. bei der Beschreibung des Lebenszyklus eines Produkts ▶ S. 116

Simplexalgorithmus – in Wissenschaft und Praxis breit angewendetes Rechenverfahren zur Lösung linearer Optimierungsaufgaben; nach endlich vielen Schritten wird entweder eine optimale Lösung gefunden oder die Unlösbarkeit der Aufgabe festgestellt ▶ S. 120

Spaltengenerierung – in Optimierungsverfahren eine Methode zum Erzeugen neuer Punkte (Vektoren, Varianten), die einen besseren Zielfunktionswert als den aktuellen versprechen ▶ S. 33

Spekulation – auf die Gewinnerzielung aus der Differenz zwischen Kauf- und Verkaufspreis gerichtete Geschäftsstrategie; der Spekulation steht das *Hedging*, die Absicherung von Positionen gegenüber ▶ S. 97

Spieltheorie – mathematisches Gebiet, in dem das Entscheidungsverhalten von zwei oder mehr Akteuren (Spielern) in Konflikt- oder Entscheidungssituationen untersucht wird, wobei sich die Akteure gegenseitig beeinflussen; man unterscheidet die *nicht-kooperative* und die *kooperative* Spieltheorie ▶ S. 94

Spot Rate – von der Laufzeit abhängiger Zinssatz bei Geldanlage oder -aufnahme (von heute bis zu einem gewissen Zeitpunkt); Spot Rates sind darstellbar mithilfe der *Zinsstrukturkurve*

Standortoptimierung	– Teilgebiet der mathematischen Optimierung, in dem es darum geht, einen neuen Standort (z. B. in der Ebene) zu finden, von dem aus mehrere existierende Standorte bestmöglich beliefert werden oder schnellstmöglich erreichbar sein sollen ▶ S. 129
Statistik	– Wissenschaft, die sich mit der Entwicklung und Anwendung von Methoden zur Erfassung, Komprimierung und Interpretation von Merkmalen befasst; die *beschreibende (deskriptive)* Statistik stellt Daten dar, in der *schließenden (induktiven)* Statistik geht es darum, aus den Stichprobendaten Rückschlüsse auf die Grundgesamtheit zu ziehen
Steiner-Weber-Problem	– Aufgabe der Standortoptimierung: gegeben sind endlich viele zu beliefernde Standorte (Verbraucher) nebst den zugehörigen Bedarfsmengen, gesucht ist ein neuer Standort, von dem aus die Verbraucher bestmöglich beliefert werden sollen ▶ S. 129
Stichprobe	– Teilmenge einer Grundgesamtheit, die nach gewissen Kriterien (zufällig, systematisch, repräsentativ) ausgewählt wurde ▶ S. 65
Streudiagramm	– übersichtliche zweidimensionale Darstellung von Mess- oder Beobachtungswerten ▶ S. 55
Studiengang Wirtschaftsmathematik	– wird an zahlreichen Universitäten und Hochschulen angeboten; Abschluss wahlweise als Bachelor oder Master; die Lehrveranstaltungen sind hauptsächlich den Bereichen Mathematik, Wirtschaftswissenschaften und Informatik zuzuordnen; neben Grundkenntnissen in allgemeiner Mathematik werden insbesondere Kompentenzen vermittelt, die es gestatten, interdisziplinäre und praxisnahe Problemstellungen zu bearbeiten, wozu die Nutzung rechnergestützter Mathematik unabdingbar ist
Swap	– finanzielle Vereinbarung, bei der (im einfachsten Fall) die Partner variable gegen feste Zinsen tauschen; Finanzinnovation, bei der zwei Vertragspartner gegenseitigen Nutzen durch Kostenvorteile erzielen

Termingeschäft	– Kauf, Tausch oder anderes Geschäft, das heute vereinbart wird, aber erst in der Zukunft zu erfüllen ist; bei einem *unbedingten* Termingeschäft müssen beide Partner die Vereinbarung erfüllen, bei einem *bedingten* Termingeschäft hat ein Partner ein Wahlrecht (Option); Gegenstück: *Kassageschäft* ▶ S. 97
Tilgungsrechnung	– Bestimmung der Zins- und Tilgungsbeträge für die Rückzahlung eines aufgenommenen Kapitalbetrages; eine häufig auftretende Tilgungsform ist die *Annuitätentilgung* ▶ S. 43, 78
Transportoptimierung	– Aufgabenstellung des Operations Research: von mehreren Angebotsorten aus soll ein Gut zu einer Anzahl von Nachfrageorten so transportiert werden, dass die Gesamtkosten minimal werden, wobei Lieferkapazitäten, Nachfragemengen sowie Transportkosten pro Einheit zwischen Anbietern und Nachfragern bekannt sind ▶ S. 67
unterjährige Verzinsung	– Zinszahlungen erfolgen in kürzeren Zeitabständen als die vereinbarte Zinsperiode; Beispiel: jährlicher Zinssatz und monatliche Zinszahlungen ▶ S. 63, 86
Verbesserungsverfahren	– Verfahren, das – ausgehend von einer zulässigen Lösung eines Optimierungsproblems – zu einer anderen zulässigen Lösung übergeht, deren Zielfunktionswert besser ist ▶ S. 67, 120
Versicherungsmathematik	– Teilgebiet der angewandten Mathematik, das sich mit der Bewertung von Versicherungsprodukten befasst; meist wird zwischen *Lebensversicherung* und *Schadenversicherung (Risikotheorie)* unterschieden ▶ S. 86, 106
Verzinsung	– Vorschrift zur Berechnung der *Zinsen* für überlassenes Kapital; je nach Laufzeit, gesetzlichen Vorschriften oder Vereinbarungen der Partner wird lineare, exponentielle (geometrische), stetige (Augenblicksverzinsung) oder eine andere Art der Verzinsung angewandt ▶ S. 43

Volatilität – Maß zur Beschreibung der Schwankung von Zeitreihen; Standardabweichung von Renditen ▶ S. 48

Wahlverfahren – auch *Verfahren der Sitzverteilung*; verschiedene bei Abstimmungen angewendete Rechenverfahren, die bei Wahlen zu Parlamenten, Personalvertretungen usw. eventuell entstehende Restsitze den einzelnen Gruppen (Fraktionen) so „gerecht" wie möglich zuordnen ▶ S. 80

Warteschlangentheorie – auch als *Bedienungstheorie* bezeichnet; Teilgebiet des Operations Research bzw. der Wahrscheinlichkeitstheorie, das sich mit der Analyse von Systemen befasst, in denen Aufträge von Bedienern bearbeitet werden ▶ S. 126

Weg – Kantenfolge in einem Graphen, die zwei Knoten miteinander verbindet ▶ S. 51, 90

Wiederanlageprämisse – bei der Berechnung der Rendite unterstellte Voraussetzung, die besagt, dass alle zwischenzeitlich erfolgenden Zahlungen zum Effektivzinssatz wiederanzulegen sind

Wirtschaftsmathematik – Teilgebiet der Mathematik, das mathematische und stochastische Modelle und Methoden auf wirtschaftliche Fragestellungen anwendet; mitunter auch als „Mathematik für Wirtschaftswissenschaftler" verstanden; wird von zahlreichen Universitäten als eigenständiger Studiengang angeboten; Teilgebiete sind unter anderem: Finanz- und Versicherungsmathematik, Graphentheorie, Operations Research, Optimierung, Graphentheorie, Spieltheorie, Ökonometrie

Wirtschaftsmathematiker – Absolvent des Studienganges Wirtschaftsmathematik; seine Kenntnisse, Interessen und Fähigkeiten prädestinieren ihn typischerweise für eine Tätigkeit auf den Gebieten Risikomanagement, Finanzanalysen, Wirtschaftsprüfung, Versicherung, Bankwesen, Unternehmensberatung, Statistik, Softwareentwicklung sowie im universitären Bereich

Zahlungsstrom	– Menge von Zahlungen und den zugehörigen Zeitpunkten; oftmals in einem übersichtlichen Schema dargestellt ▶ S. 43
Zeitwert	– vom betrachteten Zeitpunkt abhängiger Wert einer Zahlung ▶ S. 43, 63
Zertifikat	– Schuldverschreibung, deren Wertentwicklung von der anderer Finanzprodukte abhängig ist; es bietet die Möglichkeit, auch mit geringem Kapitaleinsatz in verschiedene Anlageklassen zu investieren; bei Insolvenz des Emittenten besteht das Risiko des Totalverlusts; zu den wichtigsten Arten von Zertifikaten gehören: Index-, Discount-, Bonus- und Hebelzertifikate ▶ S. 48
Zielfunktion	– Bestandteil einer Optimierungsaufgabe; sie dient dazu, aus einer Menge zulässiger Lösungen die beste hinsichtlich eines bestimmten Kriteriums zu finden und kann linear oder nichtlinear sein; je nach Problemstellung ist sie zu minimieren oder zu maximieren ▶ S. 120
Zinsen	– vom Schuldner zu zahlendes Entgelt, das er dem Gläubiger als Gegenleistung für zeitweilig überlassenes Kapital schuldet; je nach Art der Verzinsung können auch die Zinsen wieder verzinst werden, dann spricht man vom *Zinseszins* ▶ S. 1, 43, 63
Zinsperiode	– vereinbarter Zeitraum, für den Zinsen gezahlt werden; häufig (aber nicht ausschließlich) ein Jahr ▶ S. 1, 43
Zinsstrukturkurve	– Darstellung von Zinssätzen in Abhängigkeit von der Zeit; auf unterschiedlichen Märkten gibt es unterschiedliche Zinsstrukturen; den Teil der Kurve mit Laufzeiten bis zu einem Jahr bezeichnet man als *kurzes Ende*, mit Laufzeiten ab zehn Jahren als *langes Ende*

zulässige Lösung – Punkt (Vektor), der in einer Optimierungsaufgabe allen Nebenbedingungen genügt; die Menge aller zulässigen Lösungen bildet den *zulässigen Bereich*; die beste aller zulässigen Lösungen (hinsichtlich eines bestimmten Zielkriteriums) wird *optimale* Lösung genannt ▶ S. 67, 120

Zuschnittoptimierung – Teilgebiet der mathematischen Optimierung, das sich mit dem Problem befasst, Teile einer gegebenen Länge (eindimensionales Problem) oder Fläche (zweidimensionales Problem) bestmöglich aufzuteilen; beim dreidimensionalen Problem spricht man meist von *Packungsoptimierung* ▶ S. 33

Zwei-Maschinen-Problem – spezielles Problem der Belegung paralleler Maschinen, auf denen eine Anzahl von Aufträgen möglichst effizient zu bearbeiten ist; die Aufträge können dabei in der Regel nur von einer Maschine gleichzeitig bearbeitet werden; mithilfe analoger Modelle werden in der Informatik mehrere Prozessoren betrachtet ▶ S. 3

Zyklus – Weg in einem Graphen, bei dem Start- und Endknoten gleich sind; im *Rundreiseproblem* ist ein Zyklus gesucht, der jeden Knoten eines Graphen genau einmal enthält; als *Kurzzyklus* bezeichnet man einen Zyklus, der nur eine Teilmenge aller Knoten eines Graphen enthält ▶ S. 31, 51, 109, 133

Abbildungsnachweise

Seite 14: Mit freundlicher Genehmigung des Adam-Ries-Bundes (Annaberg-Buchholz).

Seite 8: © studiostoks / stock.adobe.com,
15: © Friedberg / stock.adobe.com,
19: © RVNWV / stock.adobe.com,
24: © Vector Tradition SM / stock.adobe.com,
30: © Perysty / stock.adobe.com,
33: © Jörg Lantelme / stock.adobe.com,
40: © Cabeza Cuadrada / stock.adobe.com,
45: © Rob hyrons / stock.adobe.com,
46: © andris_torms / stock.adobe.com,
60: © volkerr / stock.adobe.com,
65: © raven / stock.adobe.com,
73: © takasu / stock.adobe.com,
77: © jihane37 / stock.adobe.com,
107: © Regormark / stock.adobe.com,
111: © sababa66 / stock.adobe.com,
125: © fotomek / stock.adobe.com,
128: © imagecatalog / stock.adobe.com,
134: © vostal / stock.adobe.com

Restliche Abbildungen: Autor

Printed in the United States
By Bookmasters